安徽省自然科学基金项目（2108085QG297）；安徽省高校教育质量工程“四新”研究与改革实践项目（2021sx005）；2022年度安徽高校科学研究重点项目（心理资本视角下的重大建设工程创新行为涌现机理及激发策略）

基于社会关系的建设工程创新行为影响机理及仿真研究

钱应苗 著

中国财经出版传媒集团
经济科学出版社
Economic Science Press

图书在版编目（CIP）数据

基于社会关系的建设工程创新行为影响机理及仿真研究／钱应苗著．--北京：经济科学出版社，2022.9
ISBN 978－7－5218－3989－0

Ⅰ.①基…　Ⅱ.①钱…　Ⅲ.①建筑工程－工程管理－研究　Ⅳ.①TU71

中国版本图书馆 CIP 数据核字（2022）第 161414 号

责任编辑：白留杰　杨晓莹
责任校对：易　超
责任印制：张佳裕

基于社会关系的建设工程创新行为影响机理及仿真研究
钱应苗　著
经济科学出版社出版、发行　新华书店经销
社址：北京市海淀区阜成路甲 28 号　邮编：100142
教材分社电话：010－88191309　发行部电话：010－88191522
网址：www.esp.com.cn
电子邮箱：bailiujie518@126.com
天猫网店：经济科学出版社旗舰店
网址：http://jjkxcbs.tmall.com
北京密兴印刷有限公司印装
710×1000　16 开　11 印张　180000 字
2022 年 9 月第 1 版　2022 年 9 月第 1 次印刷
ISBN 978－7－5218－3989－0　定价：52.00 元

前　　言

京沪高速铁路、港珠澳大桥等一批具有代表性的重大建设工程已成为中国工程建造的新名片。这些举世瞩目的巨大成就取得，离不开建设工程创新的支撑。建设工程创新推动了重大建设工程的发展，但建设工程创新活动受到许多因素的影响。而社会关系作为中国社会文化背景下的客观存在，深刻影响着人们的生产与生活，也深刻影响着建设工程创新活动。研究社会关系对建设工程创新行为的影响逐渐成为推动建设工程创新的关键命题。本书基于中国特色文化背景，揭示基于社会关系的建设工程创新行为的影响机理。

通过国内外权威数据库 Web of Science 和知网文献检索，收集、整理建设工程创新、创新行为及社会关系等研究主题的海量文献。基于知识图谱方法，借助 Citespace，SATI 等可视化软件进行文献共被引、关键词共现、作者及机构分析，并生成一系列知识图谱，展示相关研究主题的演进路径、研究热点等内容。

基于创新动力学说、社会资本及知识共享等理论，选取典型工程进行案例剖析。结合文献研究，提出理论假设，构建基于社会关系的建设工程创新行为影响机理模型。利用扎根理论提炼工程需求、人际关系、组织间关系、知识共享及创新行为等测量量表，设计问卷内容，借助网络平台、邮件等形式进行发放与回收，并获取样本数据。

针对回收的有效样本数据，运用 SPSS 软件进行可靠性分析，并通过 Amos软件建立结构方程模型进行结构效度、区分效度判别及检验。运用回归分析、结构方程模型等方法进行实证检验，最终发现工程需求、人际关系对建设工程创新行为具有主效应影响；知识共享在人际关系对建设工程创新行为影响中具有中介效应；组织间关系在工程需求对建设工程创新行为的影响，以及人际关系对知识共享的影响中均具有调节效应。

通过计算实验理论，借助 Netlogo 平台建构建设工程创新计算机情境，建立建设工程创新的计算实验模型，模拟单因素与多因素等不同变量影响下创新个体与创新成果的数量变化。更加深入地观察、分析潜在变量（工程需求、人际关系、组织间关系及知识共享等）对建设工程创新行为的影响，进一步揭示基于社会关系的建设工程创新行为影响机理，并综合实证分析结果，提出管理启示。

2022年8月

目　　录

第1章 绪 论

1.1 研究背景

1.1.1 现实背景

1. 工程创新是国家创新战略实施的主战场

近年来，国务院陆续出台创新驱动发展战略相关的政策与实施纲要，强调创新驱动的重要性。明确指出创新驱动是国家、民族乃至人类社会向前进步与发展的核心动力（林念修，2015）；创新驱动就是创新成为引领发展的第一动力。科技创新与制度创新、管理创新、商业模式创新、业态创新和文化创新相结合，推动发展方式向依靠持续的知识积累、技术进步和劳动力素质提升转变，促进经济向形态更高级、分工更精细、结构更合理的阶段演进。

党的十八大以来，习近平总书记把创新摆在国家发展全局的核心位置，高度重视科技创新。围绕实施创新驱动发展战略、加快推进以科技创新为核心的全面创新，提出一系列新思想、新论断、新要求。这是根据国内外发展态势、立足国家发展全局、面向未来发展做出的重大战略决策。从要素驱动到创新驱动，不仅遵循了科技发展的规律性特征，而且找到了新时期科技内生式发展的道路。2021 年 5 月 28 日，习近平总书记分别在中国科学院第 20 次院士大会、中国工程院第 15 次院士大会和中国科协第 10 次全国代表大会上讲话时指出，深入实施科教兴国战略、人才强国战略、创新驱动发展战略，完善国家创新体系，加快建设科技强国，实现高水平科技自立自强（李志红，2021）。同时，党的十九大报告也提出创新型国家建设的战略方针与举措。这一系列国家层面上的创新战略举措，有助于总体指导我国创新战略的实施。

工程作为科学、技术及产业间的桥梁，是推动产业变革、经济增长与社会发展的有力杠杆。工程创新作为知识转化为生产力的重要平台，已经成为实施我国创新战略的主战场。科学技术是第一生产力；工程是直接的生产力。工程活动的基本“单位”是项目，许多同类的工程又形成或组成了各个行业或产业。若将产业发展之路和一个国家的工业化之路比喻为铺设一条铁路线，那一项项的工程就是组成铁路线的一条条钢轨和枕木。一个国家或地区发展产业和实现工业化的基本内容和基本过程，就是这个国家或地区不断地进行工程建设，包括改建和扩建工程的过程（李伯聪，2005）。同时，工程创新也是推动创新型国家建设的核心构成部分。在创新型国家的建设进程中，以京沪高速铁路、港珠澳大桥等为代表的一大批重大建设工程取得了瞩目成就。不仅为社会经济发展发挥重要作用，也为工程创新提供了机遇和挑战。

2. 社会关系是建设工程创新活动的客观存在

关系是中国传统文化和特色体制的重要组成部分，被广为熟悉，但其丰富的内涵让人捉摸不透。边燕杰编著的《经济社会学国际词典》界定，中国特色文化背景下的社会关系是社会行动者间的桥梁，具有情感色彩与人情交互功能。强调初始关系源自血亲、姻亲等亲源性的纽带，且行动者双方人情及义务互动有助于使非亲源关系升级为稳固的亲密关系（边燕杰，2010）。

一切社会行为和体制均深刻地受社会关系影响，且可通过社会关系来分析（Mark Granovetter，1985）。因此，建设工程创新的研究如若脱离社会关系分析，是难以对其内涵进行深刻诠释的。建设工程创新是以建设工程项目为载体，基于工程需求的一个分阶段、多主体参与、多种知识的交互整合及创造的过程（张瑞雪，2016）。在工程技术创新这一复杂活动过程中，业主方、设计方、施工方、材料供应商、装备制造商、咨询机构等各类组织间及承担创新任务的个体间存在多种关系。其中，个体间的人际关系有认可关系、信任关系及亲密关系。如承担创新任务的个体间因技术难题多次接触交流，逐渐认可、信任对方的工作态度与能力，成为密不可分的伙伴，共同优质高效地完成工作；组织间关系有合作关系、商业关系及隶属关系。如企业间的创新战略合作，以及企业间上下级的隶属关系。

显然，社会关系在建设工程创新活动中客观存在，且得到不断发展，并对工程创新成效产生直接促进作用。因此，我们有必要深入探究中国建设工程情境下的社会关系，揭示基于社会关系的建设工程创新行为影响机理。旨在提升我国建设工程创新活动的管理水平。

1.1.2 理论背景

1. 工程创新的微观层面有待探究

1912 年，经济学家熊彼特先生从经济发展的视角，首次提出“创新理论”。他认为创新应当作为生产系统内部生产要素的“新组合”进行深入研究（熊彼特，2014）。已有学者逐渐丰富了创新的概念，并从不同的视角对创新进行分类。如从创新强度的视角，创新可分为渐进性、重大性和突破性等不同强度的创新；基于创新过程开发程度，可分为开放性与封闭性创新；依据创新的范围，可分为架构与元器件创新。但上述划分视角较为宏观。此外，也有些学者从不同层面分析工程创新活动，且基于项目和企业层面的研究成果较多。在企业层面上，塔图姆（Tatum，1987）基于建筑企业创新行为与过程的分析，试图识别整个建筑业的创新活动规律；迪克门等（Dikmen et al.，2005）构建工程创新系统模型，涉及创新目标与战略、创新动力与组织，以及创新环境阻力等。在项目层面上，文西奥帕克等（Moonseo Park et al.，2004）构建建设工程创新活动动态分析模型，挖掘影响其开展的关键因素。涉及项目组织创新氛围与成员驱动、管理者驱动与冠军行为等；甘巴泰西（Gambatese，2011）基于工程项目建设活动，提炼影响工程创新过程的相关组织因素。综上发现，目前基于创新强度、创新过程开发、创新范围等宏观层面，以及从项目、企业等中观层面划分并研究建设工程创新，均较难以深入洞察建设工程创新活动的规律。因此，本书试图从建设工程创新行为微观层面入手，深入揭示建设工程创新行为的影响机理。研究将有助于形成对建设工程创新活动微观层面的解释。

2. 社会关系对建设工程创新影响有待探索

建设工程创新是一个复杂的系统，涉及技术创新与非技术创新。为此，需从全要素、全过程的视角，认识、把握建设工程创新活动。人作为工程建设活动中最基本的要素之一，也是创新活动的主体。其行为及产生的影响力贯穿于整个建设活动之中，其中难免不涉及各种社会关系。因此，在创新相关研究中，从社会关系视角展开研究逐渐引起学者关注。如边燕杰和张磊认为关系主义视角中关系纽带影响企业绩效。企业通过网络纽带，实现跨边界获取有用信息、知识、资源及技能等（边燕杰等，2013）。此外，在重大建设工程技术创新研究领域，也有学者关注创新主体之间直接合作关系治理（契约治理、关系治理）对技术创新的影响（陈帆等，2015）。然而，在中国特殊体制和文化背景下，从复杂社会关系视角研究建设工程创新的相关研究成果较少。尤其是人际关系、组织间关系等基于社会关系的建设工程创新行为影响机理的研究更有待探索。

1.2 研究意义及目标

1.2.1 研究意义

在中国工程创新情境中，工程需求是建设工程创新活动开展的前提。建设工程创新行为发生过程，是新知识与新思想产生、寻求对此支持及创新方案形成与执行的过程。这整个过程都离不开建设工程各创新主体间的知识交流、共享及讨论。为此，引入工程需求与知识共享两个潜在变量，对于深入研究基于社会关系的建设工程创新行为影响机理是十分必要的，也有助于形成影响机理的完整解释。再通过分析社会关系（人际关系与组织间关系）、工程需求及知识共享等潜在变量对建设工程创新行为的影响，揭示社会关系对建设工程创新行为影响路径及本质规律。该研究成果对丰富建设工程创新理论，指导工程创新实践，具有重要的理论与现实意义。

1. 理论意义

基于海量文献研究发现，建设工程创新主题的研究已成为工程管理界研究的热点。但现有研究均聚焦宏观、中观层面，忽视建设工程创新活动中个体微观层面的作用。且在建设工程创新研究领域，鲜有学者研究基于社会关系的建设工程创新行为影响机理。为此，本书将立足于社会关系视角，以创新动力学、社会资本及知识共享理论为基础，通过实证分析，探索基于社会关系（人际关系与组织间关系）的建设工程创新行为影响机理。旨在能为建设工程创新理论拓展新的研究范式与思路。

2. 现实意义

本书的研究意义和重要性不仅表现在理论方面，现实方面也有所体现。当前建设工程项目管理过程中，普遍存在参与组织间沟通不畅、信息不对称、缺乏持续稳定的合作关系等问题。这些问题已阻碍建设工程创新活动的顺利开展。人际关系、组织间关系等社会关系作为建设工程创新活动中的客观存在，有助于解决上述问题，进一步激发建设工程创新行为。为此，本书研究社会关系对建设工程创新行为的影响，揭示社会关系如何影响建设工程创新行为，为建筑企业深刻理解、洞察及利用建设工程创新活动中人际关系与组织间关系的功能与作用，提供现实指导与启发。

1.2.2 研究目标

本书以建设工程创新活动为研究对象，重视工程需求、社会关系（人际关系与组织间关系）、知识共享对建设工程创新行为的影响。围绕“挖掘基于社会关系的建设工程创新行为影响机理”的核心目标，开展潜在变量的分析及其对建设工程创新影响机理的研究。旨在回答“社会关系（人际关系与组织间关系）如何直接或间接地通过工程需求、知识共享影响建设工程创新行为”的关键学术问题。具体研究目标如下：

（1）通过知识图谱展现建设工程创新、创新行为、社会关系等研究发展脉络及热点问题。

（2）基于案例剖析，设置相关命题。再通过文献研究，提出相关理论假设，构建基于社会关系的建设工程创新行为影响机理模型。

（3）基于实证分析，揭示基于社会关系的建设工程创新行为影响机理。

（4）基于计算实验方法，探索工程需求、社会关系（人际关系与组织间关系）及知识共享等不同因素作用下，建设工程创新行为的动态变化。

1.3 核心概念与研究内容

1.3.1 核心概念

本书围绕“社会关系（人际关系与组织间关系）如何直接或间接地通过工程需求、知识共享影响建设工程创新行为”的关键问题，探索基于社会关系的建设工程创新行为影响机理。因此，所涉及的核心概念有社会关系、建设工程创新行为、工程需求、知识共享等。

1. 社会关系

社会关系是人们在共同的物质和精神活动过程中所产生相互关系的总称。从不同的视角，社会关系有着不同的分类。就关系双方主体的类型来划分，社会关系可分为人与人之间的关系（如人际关系）、群体与群体间的关系（如组织间关系）等；就关系所涉及的领域来划分，社会关系涵盖军事关系、政治关系、经济关系、法律关系等。社会关系作为个体或群体的一种社会资本，对个体或群体在从事社会生产活动过程中的影响是显而易见的。尤其是对创新的影响。例如，李西垚（2010）通过文献分析，提出社会关系中的商业关系能够调节企业家精神对企业创新的影响，并通过华为、比亚迪等企业创新活动得到验证（李西垚等，2010）。而建设工程创新不同于一般企业创新。它是以业主或总承包商为主导，由设计单位、施工单位、材料与设备供应商、科研机构、高校等多个相关单位共同参与的创新活动。其中所涉及的社会关系是复杂的。既包含建设工程创新相关组织中个体间的人际关系，又涉及个体所属不同组织间的关系。

2. 建设工程创新行为

何继善（2017）在《工程管理论》中指出，工程创新不等于技术创新，任何工程创新均涉及技术要素与非技术要素（管理、制度、心理等要素）。为此，建设工程创新涵盖技术创新、管理创新等。孙永福（2016）在《铁路工程项目管理理论与实践》中认为，铁路工程技术创新是以铁路工程技术难题、行业发展共性技术问题等需求为引领，通过技术攻关、技术集成和试验研究等手段，开发应用新技术、新工艺、新材料和新设备，确保铁路工程项目目标顺利完成的过程；且建设工程管理创新包括投融资模式的变革、组织管理方法创新等。同时，以“创新行为”为主题词，在国内外权威数据库进行检索后发现，绝大部分学者都从员工或个体的视角研究创新行为。且对于个体创新行为的界定，均是从创新活动所涉及的过程来分析。如坎特（Kanter，1988）认为创新行为包括3阶段：基于问题认知的新构想产生、寻求他人对新构想的支持、新构想的实施与推广。斯科特和布鲁斯（Scott & Bruce，1994）在此3阶段的基础上，认为设计研发部门的员工创新行为涵盖问题识别、创新构想形成、寻求创新资源支持、创新构想实施、产品模型建立及产业化等阶段。基于以上学术界对“建设工程创新”与“创新行为”的基本观点，本书从创新过程的视角，将建设工程创新行为界定为建设工程创新相关组织在工程需求引领下，开展建设工程技术或管理创新活动。包括创新构想提出、寻求创新支持及创新方案形成与执行等；再基于组织行为学理论，强调组织环境中个体行为的重要性。因此，本书所分析的建设工程创新行为侧重于建设工程个体创新行为。

3. 工程需求

工程需求是一个宽泛的概念，至今尚未有权威的界定。以“工程需求”为主题词在中国知网中进行检索，并以主题相关性进行排序，发现仅有前5篇论文与之高度相关。其中，郑俊巍作者的期刊论文占有3篇。未界定工程需求的内涵，只强调工程需求对建设工程创新的驱动或引领作用。在另外两篇文献中，张镇森（2014）基于文献研究指出工程需求是建设工程创新关键的影响因素，强调工程复杂环境促使工程需求的产生；张国安（2012）认为铁路工程项目技术创新的需求是业主、承包商、设计院等参与方的需求。此外，邹彩芬等（2014）认为市场需求驱动企业进行产品创新，强调市场需求是消费者对创新产品的需求、政府或企业主导的研发与专利需求及产品创新过程中的技术、管理问题等。而在复杂产品创新理论中，建设工程创新可视为一种复杂产品的创新。本书综合学者们对工程需求的有关论述，并借鉴以市场需求驱动产品创新的思路，把工程需求视为市场需求在建设工程活动中的具体表现。涉及建设工程本身难题、建设工程目标等，是建设工程创新的直接动力，有利于建设工程创新行为的激发。

4. 知识共享

关于知识共享概念的界定，国内外学者基于不同视角进行阐述。从沟通的视角，李（Lee，2001）认为知识共享是不同个体或组织间通过联系与沟通，实现知识转移或转播的过程；闫芬等（2002）指出知识共享是组织成员间的知识交流，促使知识从个体层面扩散到组织层面。从学习的视角，森格（Senge，1990）认为知识共享不仅是简单的信息传递，还需要双方愿意帮助理解信息内涵，从中学习、转化为有用信息，以提升双方行动能力；林东清（2005）认为知识共享是组织成员间或跨组织成员间，进行知识交换、学习及讨论。从而扩大知识的使用价值，产生强大的知识效应。从市场的视角，达文波特等（Davenport et al.，1999）把知识共享过程视为企业内部知识参与知识市场的过程。其目的是促使参与知识市场的各主体能从中获得收益。综合以上观点，再结合建设工程创新活动涉及的专业知识门类多、知识涵盖领域广等特点，本书认为建设工程创新活动中的知识共享是建设工程创新个体间通过正式的或非正式的交流机会，实现个体间的知识交流与学习。旨在产生强大的知识效应，服务于建设工程创新活动，提升建设工程相关组织与个体的创新能力。

1.3.2 研究内容

本书基于建设工程创新活动，以“社会关系如何直接或间接通过工程需求、知识共享影响建设工程创新行为”为核心问题，开展学术研究。拟研究的主要内容有：

（1）通过研究背景分析与文献综述，阐述该学术问题研究的必要性。其中，现实背景表现在：工程创新是国家创新战略实施的主战场；社会关系是中国建设工程情境下的客观存在。理论背景表现在：工程创新的微观层面有待探究；社会关系对建设工程创新行为的影响有待探索。通过文献综述，探寻建设工程创新、创新行为及社会关系等相关研究主题的演化路径与研究热点；突出本书以中国特色文化为背景，聚焦人际关系、组织间关系等社会关系；探索基于社会关系的建设工程创新行为影响机理。该选题具有一定的创新性与必要性。

（2）机理概念模型构建是研究基于社会关系的建设工程创新行为影响的核心内容。在创新动力学、社会资本及知识共享等理论基础上，选取X磁浮轨道交通工程和Y铁路工程等典型案例，进行案例剖析，提出预设命题；通过海量文献研究，提出理论假设；最后构建基于社会关系的建设工程创新行为影响机理的概念模型。

（3）实证分析是探索基于社会关系的建设工程创新行为影响机理的关键途径。实证分析包括实证设计和实证检验。实证设计是基于扎根理论，以现场调研与文献研究相结合的方式，提炼工程需求、人际关系、组织间关系、知识共享、创新行为等测量量表，设计、发放及回收基于社会关系的建设工程创新行为影响机理调查问卷的过程。运用回归分析、结构方程模型等方法进行实证检验，分别验证工程需求、人际关系对建设工程创新行为主效应，知识共享中介效应，以及组织间关系调节效应的研究假设，揭示基于社会关系的建设工程创新行为影响机理。

（4）通过模拟仿真，动态分析社会关系对建设工程创新行为的影响。基于计算实验的基本理论，明晰建模思路，构建仿真模型。通过Netlogo仿真平台，实现建设工程创新现实情境转化；通过改编“羊吃草”模型，模拟不同因素作用下创新个体与创新成果的数量变化，进一步验证基于社会关系的建设工程创新行为影响机理。并综合实证分析结果，提出管理启示。

1.4　研究方案

1.4.1　研究方法

随着科学方法的不断发展与创新，研究方法层出不穷，为研究者提供了更多选择。本书紧扣“基于社会关系的建设工程创新行为影响机理及仿真”的研究目标，坚持实用主义知识观，理论构建和实证相结合、多种研究方法综合运用、多次调研相互印证的混合式研究方式，综合采用文献研究、现场考察、数据统计、案例研究、建模仿真等多种方法，为本书提供科学的研究方法与学术规范。

（1）在基于知识图谱的文献综述中，依托科学计量学中知识图谱的基本原理，通过共被引、共词分析方法，并借助 Citespace 等可视化工具绘制共被引知识图谱、共词知识图谱，展示不同引用文献的时间发展轨迹与研究热点。

（2）在模型构建中，选择案例分析法，对建设工程实践深入解析，并提炼相关预设命题。并结合文献研究区，提出理论假设，为基于社会关系的建设工程创新行为影响机理概念模型的构建奠定基础。

（3）在实证设计中，基于扎根理论，提炼工程需求、人际关系、组织间关系、知识共享及建设工程创新行为等潜在变量的测量量表，为调查问卷的设计内容提供有益的借鉴与参考。

（4）在实证检验中，借助 SPSS 软件进行信度分析、效度分析检验等数据分析，运用回归分析、结构方程模型等方法，实现基于社会关系的建设工程创新行为影响机理模型检验。

（5）在基于计算实验理论的仿真分析中，通过社会科学计算实验方法，构思建设工程创新仿真思路并设计仿真实验模型；借助 Netlogo 仿真软件，编写、运行并修正工程创新行为仿真模型程序；通过计算机平台监测不同变量参数下创新个体数量、创新成果的变化，从而动态揭示工程需求、人际关系、组织间关系及知识共享等因素如何影响建设工程创新行为。

1.4.2 技术路线

基于上述研究内容及方法，以“提出问题—分析问题—解决问题”的研究逻辑，制定本书的技术路线图。如图 1－1 所示。依据研究的现实背景与理论背景，结合文献综述，提出“社会关系如何直接或间接通过工程需求、知识共享影响建设工程创新行为”的研究问题。通过模型构建、实证分析、仿真分析等手段，深入分析研究问题。最后解决问题，提出问题的研究结论。

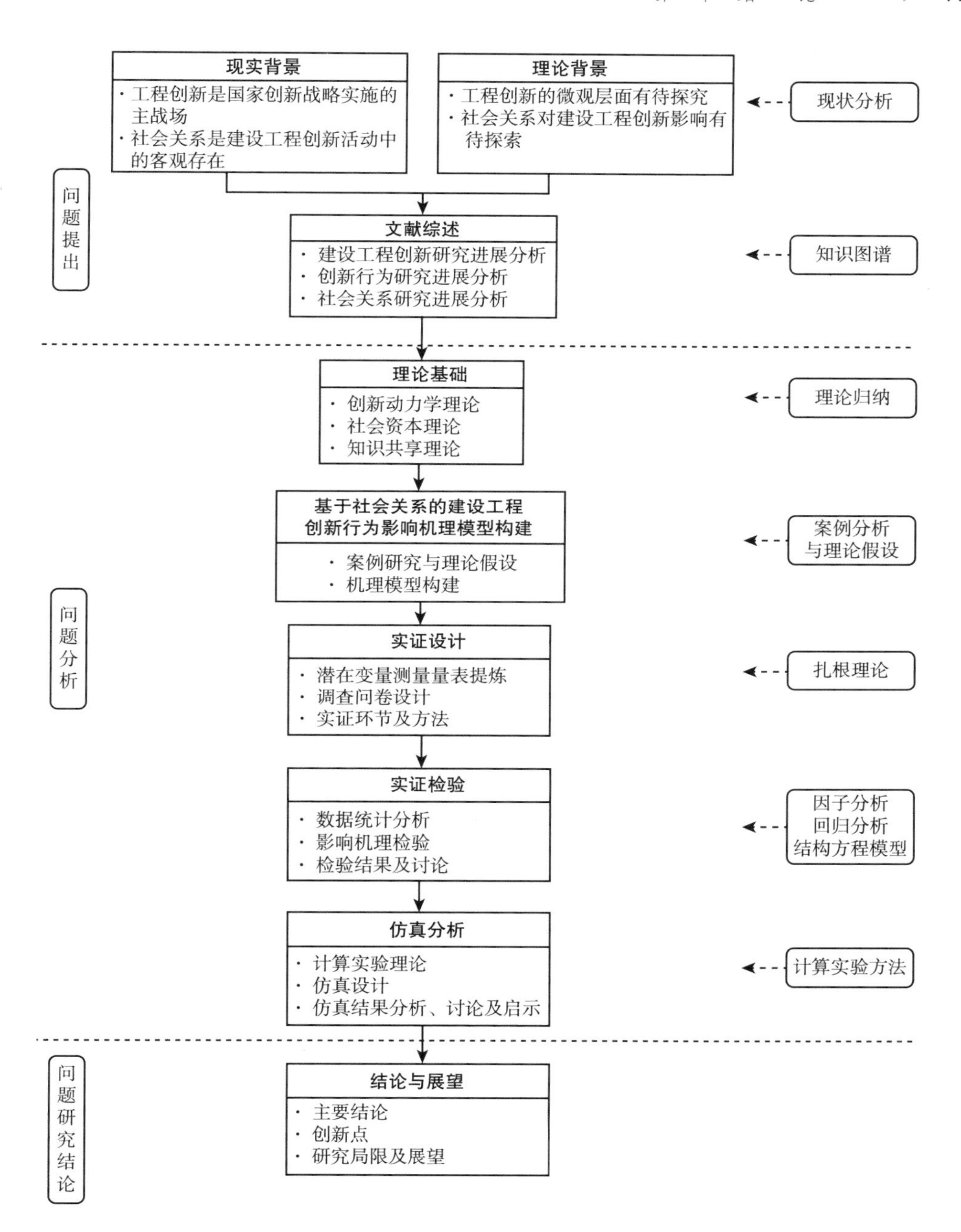
现实背景
·工程创新是国家创新战略实施的主战场
·社会关系是建设工程创新活动中的客观存在
理论背景
·工程创新的微观层面有待探究
·社会关系对建设工程创新影响有待探索
现状分析
问题提出
文献综述
· 建设工程创新研究进展分析
· 创新行为研究进展分析
· 社会关系研究进展分析
知识图谱
理论基础
· 创新动力学理论
· 社会资本理论
· 知识共享理论
理论归纳
基于社会关系的建设工程创新行为影响机理模型构建
· 案例研究与理论假设
· 机理模型构建
案例分析与理论假设
问题分析
实证设计
· 潜在变量测量量表提炼
· 调查问卷设计
· 实证环节及方法
扎根理论
实证检验
· 数据统计分析
· 影响机理检验
· 检验结果及讨论
因子分析
回归分析
结构方程模型
仿真分析
· 计算实验理论
· 仿真设计
· 仿真结果分析、讨论及启示
计算实验方法
问题研究结论
结论与展望
· 主要结论
· 创新点
· 研究局限及展望

图1－1　技术路线

第2章　文献综述：基于知识图谱

本书围绕“基于社会关系的建设工程创新行为影响机理及仿真”开展研究，离不开对建设工程创新研究现状的深入挖掘，明晰建设工程创新国内外研究演进路径与研究热点；再分析创新行为研究现状，揭示创新行为测量、影响因素及实证分析为当前研究热点；最后对社会关系进行文献综述。同时，基于社会关系的建设工程创新行为影响机理所涉及的社会关系、创新行为等各潜在变量间的关系进行传统文献研究，本章摒弃了传统的定性文献综述研究模式。依托科学计量学中的知识图谱方法，借助 Citespace，SATI 等可视化软件进行文献、关键词、作者及机构分析。并生成一系列知识网络图谱，以勾勒相关研究主题演进路径与研究热点的可视化网络图景。有助于全面、高效地完成建设工程创新、创新行为、社会关系等主题研究文献的整体性梳理与综合性分析，从而突出“基于社会关系的建设工程创新行为影响机理”的选题紧扣国内外研究热点。且文献综述分析过程具有一定新颖性。

2.1　知识图谱及软件概述

知识图谱是综合数据统计原理与计算机技术，以图谱的形式展现研究领域内知识演进过程与发展规律的文献综述方法。可形象、直观地呈现所研究领域内知识的基本组成、相互作用、发展演化等一系列形态（杨思洛等，2012）。为此，作者试图借助此研究方法，针对文章相关的国内外研究主题文献数据集，以 Citespace 软件为主、SATI 软件为辅，绘制国内外研究主题的知识图谱。旨在生动展示并系统化分析各研究主题的国内外发展现状。

运用 Citespace 软件进行文献可视化分析的四个主要步骤如下（陈悦等，

2014)：第一步是对相关主题文献进行收集与预处理。以 Web of Science 核心数据库与中国知网两大国内外权威数据库为文献数据来源，分别以文本数据、Refwork 和 Endnote 的形式下载数据，再将数据导入 Citespace 平台进行去重、去不相关的题录；第二步是新建项目与参数设置。基于数据分析项目中对应的 Project 和 Data 文件夹，新建该数据分析项目，再设置时区、术语、阈值及算法等参数；第三步是数据运行及可视化。设置好项目参数后，单击运行按钮，软件实现自动化运算并生产可视化知识谱图；第四步是图谱调整与解读。调整知识图谱相关参数，形成最终知识网络形态。并通过深度解读与分析，试图阐述相关主题研究进展情况，以揭示其理论演进的基本规律。

SATI 软件主要针对相关研究主题的国内文献进行计量统计分析。主要通过三大步骤来实现（刘启元等，2012）：第一步是数据采集与题录格式。以知网数据为数据来源，基于 Endnote 的形式下载数据，导入 SATI 平台，进行题录格式转换。并保存为 HTML 格式；第二步是 HTML 文件导入与字段信息抽取。用 SATI 平台打开 HTML 格式的文件，并在软件平台的"选择"面板上，分别选取标题、关键词、主题词、作者、文献来源、机构等字段进行信息抽取；第三步是词条频次统计及分析。依据所抽取字段信息中对应条目元素（如关键词、作者、机构、期刊等）的频次进行统计及排序，形成对应的频次统计文档。针对条目元素的频次统计文档，深入分析以挖掘其内在规律。

2.2 建设工程创新研究进展分析

2.2.1 国外建设工程创新研究进展分析

1. 数据来源与整体分布

（1）数据来源。本书研究数据源于 Web of Science（WoS）平台。它由美国汤森路（Thomson Reuters）公司研究开发，是世界最大、覆盖学科最广的学术信息资源库，收录近万种全球范围内极具影响力和权威性的各类高水平学术期刊。基于 WoS 核心合集数据库进行文献计量分析，有利于保证数据的权威性和全面性，并能够全面反映建设工程创新的主流研究趋势。在 WoS 核心合集数据库中，选择高级检索方式。以标题 =（construction innovation），文献类型 =（论文或综述论文或会议录论文）为检索条件；检索时间范围选取 1999 ~ 2021 年（数据更新至 2021 年 12 月 31 日）。经过筛选，共得到 866 篇文献。

（2）数据整体分布。通过 WoS 自带的引文报告分析功能，归纳出国际建设工程创新的整体分布情况。如图 2 – 1 和图 2 – 2 所示。图 2 – 1 是基于国际建设工程创新研究领域每年发表的文献量，可以发现文献总体呈现上升趋势。尤其是从 2015 ~ 2017 年发文量上升趋势明显；图 2 – 2 中，文献数量的国家

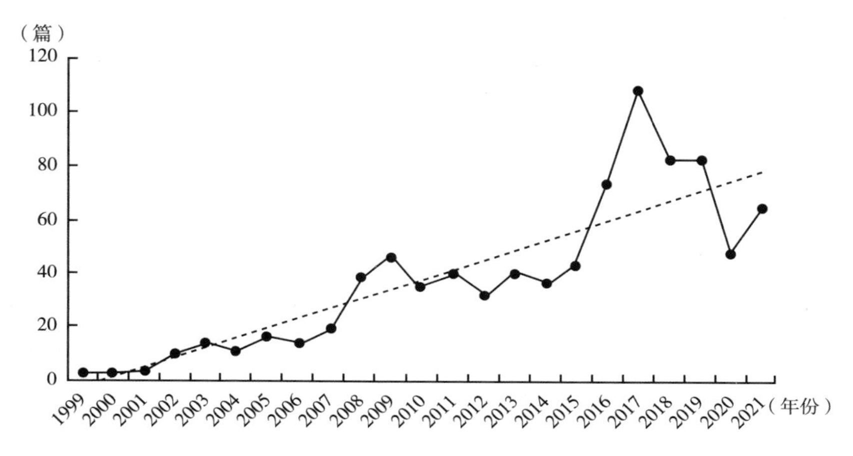

图 2 – 1　国际建设工程创新研究年发文量分布

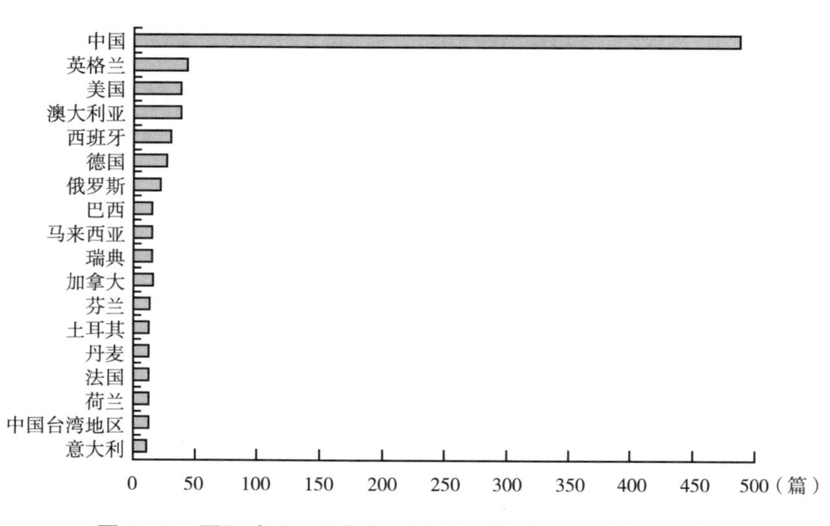

图 2 – 2　国际建设工程创新研究文献数量的国家或地区分布

分布统计数据表明，建筑工程创新研究已经在全球范围内展开。其中主要发文国家集中在西欧、北美、亚洲地区。东亚地区的文献主要集中于中国（不含港澳地区）及台湾地区、马来西亚和土耳其等。其中，中国发文量排名第一。说明建设工程创新研究是国内学术界的关注焦点与研究重点领域，研究成果在国际上具有较高影响力。

2. 知识图谱形成及解析

（1）基于文献共被引的建设工程创新研究演进路径分析。知识基础常被视为研究前沿术语、词汇文章的引文（即参考文献）。知识基础组成架构较为稳定，主要由早期奠基性文献、高被引经典文献及共被引网络中关键节点文献构成，反映研究前沿中术语凝练过程所吸收、利用以往研究成果的情况。通过文献共被引分析，可识别某研究主题的知识基础，有助于探索某个研究主题的学术进路。

基于 WoS 核心合集数据库中所检索、整理的 866 篇文献，通过 Citespace 平台进行建设工程创新研究演进路径分析。节点类型设置为 Cited Reference；研究跨度为 1999 ~ 2021 年，设置每年为一个时间分区。选择被引用次数最多的前 30 篇文献进行重点分析，选定相应剪枝算法，运行 Citespace 6. 1. R2 (64 - bit) 软件，得到建设工程创新研究文献的共被引网络节点时区视图 (time zone view)。网络谱图中共有节点 562 个；连线 1504 个。

节点代表引文，其大小与被引次数密切相关。大节点代表高被引、高价值文献；其颜色表征引用时间，基本规则是基于时间先后序列。依据被引频次大小，各年份排名靠前的有关建设工程创新研究文献，如表 2 - 1 所示，这些文献属于建设工程创新研究的知识基础。

表 2 - 1　　国外建设工程创新研究关键节点文献

序号	关键节点文献	年份	频次
1	explaining complex organizational dynamics	1999	2
2	innovation in project-based, service-enhanced firms: the construction of complex products and systems	2000	2
3	is the current theory of construction a hindrance to innovation?	2001	2
4	procuring service innovations: contractor selection for partnering projects	2007	2
5	interdependence in supply chains and projects in construction	2010	2

续表

序号	关键节点文献	年份	频次
6	analysis of construction innovation process at project level	2013	4
7	the logic of innovation in construction	2014	5
8	construction innovation diffusion in the russian federation	2015	3
9	managing the tensions between exploration and exploitation in large construction projects	2017	3
10	innovation development and adoption in small construction firms in ghana	2017	3

表2-1按时间顺序梳理了关键节点文献，可探寻建设工程创新研究的演进路径主要分为3个阶段：探索期、初步成长期和深入发展期。

①探索期（1999~2001年）。

该时期仅出现3篇经典文献。范德文（Van de Ven，1999）通过分析复杂组织的动态变化，揭示复杂组织周期性、混乱性等动态特征，为建设项目组织的创新与发展提供理论支撑。江恩（Gann，2000）基于建筑业的公司如何开发、生产建筑物的研究，探讨生产复杂产品的项目企业内部创新管理。即项目公司通过整合公司内部的项目和业务流程再造，以实现其技术能力的提升，旨在改善项目绩效水平。科斯克拉和弗莱杰夫（Koskela L. and Vrijhoef，R.，2001）认为，当前的建设理论是影响施工创新效率低的一个根本原因。提出建设理论创新的推进需要建立一种新的、明确的、有效的建设理论，并在该新理论的基础上发展商业模式和控制方法。

②初步成长期（2002~2008年）。

该时期仅出现3篇经典文献。布莱斯（Blayse，2004）通过文献研究，挖掘影响建筑创新的主要因素有客户和生产商、企业生产结构、各类社会关系（个人与企业关系、本企业与其他企业关系等）、采购标准与管理系统和组织拥有资源的质量等。从而呼吁企业和公共政策制定者在制定创新战略与政策时，应着重关注这些因素。哈特曼（Hartmann，2006）通过设计创新管理框架，构建建筑创新的背景变量，指导研究人员和施工经理识别建设创新管理中的关键变量，并应用于瑞士承包商实际案例中。由此发现，对客户和地点的依赖、采购形式、客户的创新接受度以及监管程度是外部环境的重要变量；服务提供、知识强度、合作行为、财务实力和时间需求被确定为内部环境的关键变量。卡德福斯等（Kadefors A. et al.，2007）基于对瑞典合作项目公共客户投标文件的审查以及对客户的采访，认为族之间的协作关系需要新技能。协作内容的重点是评估个人的态度和团队合作潜力，应有意识地努力促使潜在投标人作出改变和承诺。

③深入发展期（2009 年至今）。

该时期出现 6 篇经典文献。甘巴泰西（Gambatese，2011）指出，建设创新的影响因素包括缺乏技术能力、缺少行业条例和守则、不适的项目交付方法、缺乏对创新价值的认识以及缺乏沟通等。建议通过加强项目团队成员之间的沟通，整合设计与施工，提高设计效率。并分享经验教训，可提高创新效率。并以提前实现工程成本、质量、进度及安全等目标来衡量创新绩效。佩利塞（Pellicer，2012）等采用案例研究的方法，观察西班牙某个承包商的创新案例。研究结果发现，创新通过企业组织的再造实现标准化管理，从而有助于定期解决组织问题，提高技术能力与知识管理水平，实现业务利润，满足客户需求。比格鲍尔（Bygballe，2014）通过挪威和瑞典建筑业创新研究，得出在企业内外部网络环境下，建筑企业的行为影响建筑业的创新逻辑。奥佐洪（Ozorhon，2014）通过剖析某城市更新工程案例中采用现代化的精益施工方法，揭示抵制变革、缺乏经验和无法获得先进产品是创新实施过程中的主要障碍。指出项目参与者科学领导与协同是克服这些障碍的有效机制。埃里克森和森特斯（Eriksson P. E.，Szentes，H.，2017）研究如何管理双元性和在建设项目中实现勘探和开发，并确定了勘探和开发的一些驱动因素和障碍，阐明了各种管理方法如何相互作用并影响勘探和开发活动。指出在建设项目中，关键项目参与者合作开发系统创新和项目间的微调解决方案的情境双元性解决方案更有效。丹索等（Dansoh A. et al.，2017）通过对案例定性分析，确定小型建筑公司发展或创新的条件，发现企业采用或发展创新的决定是由其内部环境和 12 种不同条件之间的复杂互动决定的。研究结论补充了现有较少关于小型建筑公司创新的研究。

（2）基于关键词共现的热点分析。关键词是文章主要内容的高度提炼和集中描述，体现文献研究主题及方向。为此，高频次关键词常被用于确定研究领域热点问题。使用 Citespace 软件，在节点类型中选择“关键字”，然后选择“路径查找器”算法。运行 Citespace 软件生成关键词知识网络图谱如图 2-3 所示。同时，选取关键词出现频次不少于 15 的热点术语有 13 个（见表 2-2）。

图 2-3 国外建设工程创新研究关键词共现知识图谱

表 2-2 国外建设工程创新研究关键词统计（频次不少于15）

序号	关键词	频次	中心度
1	management	50	0.17
2	performance	44	0.15
3	construction industry	31	0.15
4	knowledge	27	0.16
5	model	26	0.09
6	industry	25	0.15
7	firm	20	0.16
8	impact	20	0.05
9	organization	19	0.09
10	system	18	0.05
11	network	17	0.08
12	design	16	0.07
13	strategy	15	0.03

基于图2-3、表2-2可知，频次最高关键词为“管理”（management），达50频次。且其中心度值为0.17，居首位。这表明建设工程创新管理已得到学术界普遍关注。其他高频热点术语按频次高低分别为：绩效（performance）、建设工程（construction industry）、知识（knowledge）等12个热点术语。经深刻剖析以上高频热点术语，可将建设工程创新研究总结归纳成如下3个方向：

①创新内涵、体系框架及战略。建设工程创新领域的业内人士普遍认可学者斯劳特（Slaughter，1998）对建设工程创新的界定。斯劳特指出建设工程创新是建筑业的建设过程、工艺流程、产品服务以及建设系统等方面进行

显著的改进与更新，构建 5 类建设工程创新模式：渐进式、模块化、系统式、结构式以及变革式等。并于 2000 年提出建设工程创新活动实施的 6 大阶段，主要包括创新需求解析、创新能力评级、创新构想确认、创新生产准备、创新产品的产出与使用以及后评价等方面。努诺・本特（Nuno Bent，2015）基于葡萄牙风能发电技术的推广应用研究，构建技术创新的体系框架。通过新技术扩散函数，结合资源开发、知识交流、技术应用及合作等内容，旨在分析新技术推广过程中涉及的新问题。谢尔盖娃・娜塔莉亚（Sergeeva Natalya，2020）采用 SCOT 框架理解建筑部门背景下的创新，解构创新经纪人的角色。通过实证研究进一步检验文章的理论假设。研究有助于更好地理解创新中介在建设创新体系中的作用。

②创新驱动力与影响因素。奥佐洪（Ozorhon，2013）基于项目的视角剖析建设工程创新，提出驱动力、阻碍因素等模型框架。通过英国获奖工程案例进行验证，得出建设工程创新的来源是建设环境可持续性驱动。奥佐洪和奥拉尔（Ozorhon and Oral，2017）通过研究发现项目复杂性、创新政策和环境可持续性是推动建筑工程项目创新的主要动力。巴迪（Badi S.，2020）基于英国大型基础设施建设项目，通过识别和描述战略项目经理在大型项目中实施创新策略所采用的影响策略，研究社会力量对创新战略实施的影响，填补了现有研究知识空白。费尔南多・萨姆（Fernando Sam，2021）构建一个概念模型来解释促进创新的促成因素。通过因子分析和相关分析对 131 个澳大利亚建筑项目的数据进行测试，以确定建筑项目中客户主导的创新推动者。研究结果有利于业界人士通过创新在建筑项目中取得更佳的项目成果。

③合作与协同创新。夏皮拉和罗森菲尔德（Shapira and Rosenfeld，2011）基于吊车可视化系统开发与商业化过程，探索产学研联合攻关是如何实现产品顺利研发。该创新模式打破以往“建筑业的保守性”的看法，展示计算机、土木工程、设备工程等不同专业科研人员间的协同创新。莱昂纳迪（Leonardi，2016）指出技术创新活动中存在组织部门间不分享创新资源与理念等诸多问题。并认为通过跨组织边界，组织间实现共同联合攻关，是推进新技术研究成功的关键。谢尔盖耶娃和扎内洛（Sergeeva and Zanello，2018）指出重大工程技术创新涉及多学科知识整合。因此不仅需要创新联盟的成员应对技术挑战，还需要业主对资源进行整合并负责组织协调工作，为创新联盟

开展技术创新活动提供有利环境。莱赫蒂宁（Lehtinen，2019）认为工程创新的重点是参与者的协同。包括建立组织间协调机构和共享所有权、决策权等。

2.2.2 国内建设工程创新研究进展分析

1. 数据来源及空间分析

（1）数据来源。国内文献数据收集库主要有：中国知网、维普、万方等数据库资源。其中，中国知网覆盖范围较广、权威性较高，可作为反映国内主题文献研究进展的主要数据来源渠道。本节数据资料以“中国知网（CNKI）”数据库为基础，通过登录网站首页，以“建设工程创新”或“工程创新”为关键词，选定1999～2021年（数据更新至2021年12月31日）。利用文献管理中心进行文献输出，共检索194篇文献。剔除征稿启事以及无作者文献信息，最终获得167篇文献题录数据。采用“Refworks”格式导出全部参考文献，并将文献下载格式命名为“download－建设工程创新.txt”进行保存。

（2）时间分布。在中国知网中，采集不同年份发文量，再借助Excel表格进行统计，实现建设工程创新研究文献的时间分布图，如图2－4所示。国内建设工程创新发展现状，在某种程度上可以通过其研究成果的时间分布情况展现。基于国内年度期刊论文数量分析发现，1999～2007年年均论文数量不超过5篇，属于国内建设工程创新起步阶段；随后，2007～2018年，除2011年略有下滑外，国内建设工程创新研究发文量基本上呈逐年增长趋势。尤其是2015年以后增长较为明显，2008～2014年年均8篇论文量增至2015～2017年年均13篇，2018年更是达到20篇之多；2019～2021年，国内建设工程创新研究发文量基本处于平稳趋势。总体而言，建设工程创新在国内学术界越来越得到重视。

（3）空间分布。

①重要作者分布。基于SATI3.2软件进行作者出现频次统计。选项栏中选择“作者”选项，通过“字段抽取、频次统计”等技术提取作者频次不低于3次的统计文本，形成高频作者统计图，如图2－5（a）所示。其中，中

国科学院知名教授李伯聪是国内建设工程创新研究中产量最多的作者，出现频次为8篇；其次分别是郑俊巍（7篇）、谢洪涛（5篇）、王孟钧（4篇）等。这些学者已成为创新行为研究领域的重要作者，为推动创新行为研究的深入与发展做出重大贡献。

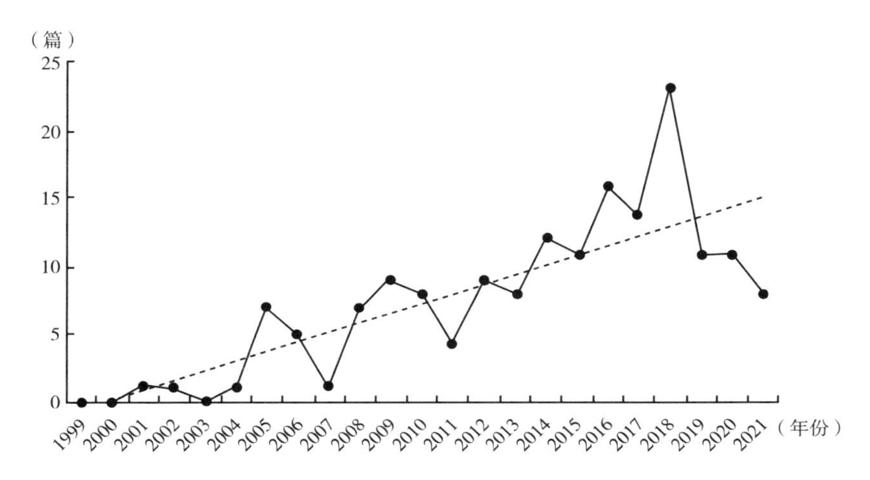

图2－4 1999～2021年国内建设工程创新研究时间分布

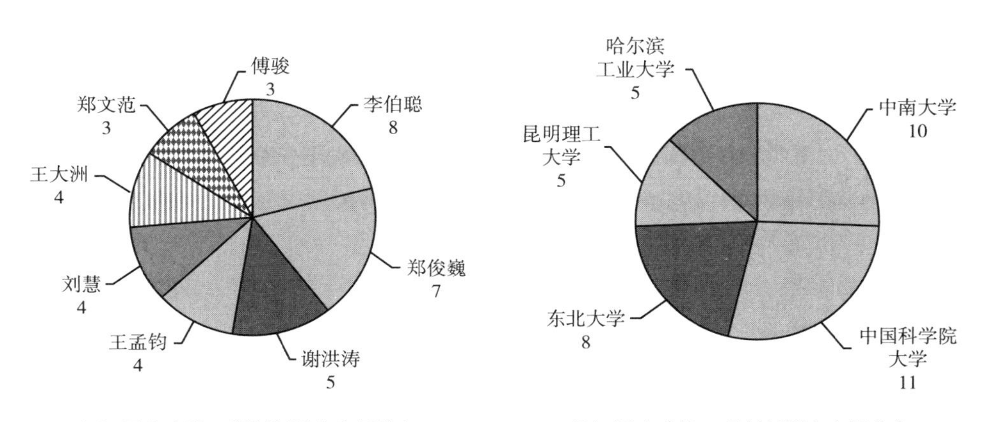

（a）国内建设工程创新研究空间分布　　（b）国内建设工程创新研究空间分布

图2－5 高频作者统计情况

②核心机构分布。基于SATI3.2软件进行机构出现频次统计。选项栏中选择“机构”选项，通过“字段抽取、频次统计”等技术，提取机构频次统计文本，得到国内建设工程创新研究的代表性机构，如图2－5（b）所示。其中，统计出现频次不低于5的机构共有5家，即发文量不低于5篇的共有5

家机构，被视为该研究领域的核心机构。共产出期刊论文39篇，占总期刊论文的23.35%。这些发文机构分别是中国科学院大学、中南大学、东北大学、昆明理工大学、哈尔滨工业大学，被视为国内该领域研究的代表性机构。

2. 基于关键词共现的知识图谱形成及解析

使用Citespace软件，在节点类型中选择“关键字”，然后选择“路径查找器”算法，运行Citespace软件，生成关键词知识网络图谱如图2-6所示。同时，选取关键词出现频次不少于5的热点术语有10个（见表2-3）。

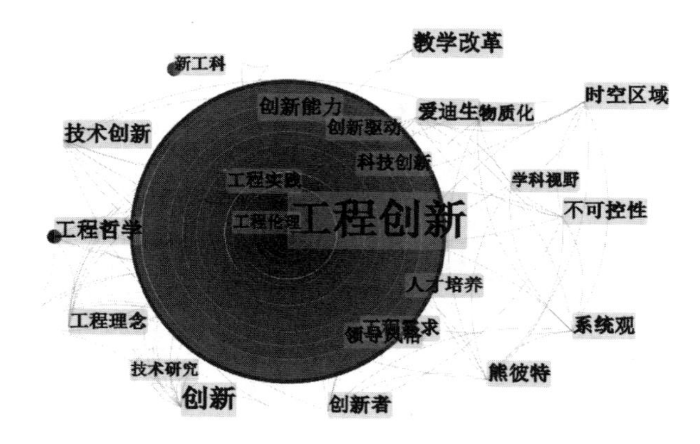

图2-6 国内建设工程创新研究关键词共现知识图谱

表2-3 国内建设工程创新研究关键词统计（频次不少于5）

序号	关键词	频次	中心度
1	工程创新	129	1.51
2	创新	13	0.16
3	工程	8	0.09
4	教学改革	7	0.10
5	建筑工程	7	0.03
6	新工科	6	0.01
7	工程哲学	6	0.05
8	工程实践	5	0.03
9	人才培养	5	0.02
10	施工技术	5	0.00

基于图2－6、表2－3可知，频次最高关键词为“工程创新”，达129频次。且中心度值为1.51，居首位。这表明“工程创新”已得到学术界普遍关注；其次，频次较多达13次，紧跟“工程创新”其后的还有教学改革、新工科及工程哲学。从而，将建设工程创新研究总结归纳成如下3个方向：

（1）建设工程创新内涵。建设工程创新涉及技术创新、管理创新以及两者混合创新，是工程管理实践界与学术界研究的热点。王孟钧等（2012）认为重大建设工程创新是以建设工程项目为载体，基于工程需求的一个分阶段、多主体参与、多种知识交互整合及创造的过程，以保障工程需求得以实现，工程难题逐步解决。创新成果具有显著的工程应用性。郑俊巍等（2018）认为建设工程其自身具有一定的复杂性与特殊性。受到环境、组织、资源等因素影响，建设工程创新必然不同于企业创新，不能单纯地将企业创新或创新管理理论进行照搬套用。

（2）教学改革和新工科。建设工程创新反向推动建设工程领域的教学改革，推进新工科建设，旨在培养创新性人才。王飞和杨晔（2018）分析中国新经济持续发展的特点，是基于新技术、新产业及新模式的驱动。为适应、匹配新经济下的工作岗位，我国工程教育亟须培养多样化与创新型科技人才。新工科的理念为此指明新方向。蒋文春等（2021）基于当前我国对工程创新能力强的高素质应用型人才的需求，认为要建立以工程设计为主线的人才培养模式并强化校企协同和科教融合，增强学生的工程意识和工程创新能力，实现学生从工程素质培养到工程计算和工程设计能力锻炼，再到工程创新精神树立的飞跃。而要实现这些新要求，必须从大工程观教育理念出发，更加重视工程意识的培养和工匠精神的塑造。以土木工程类专业为例，在具体培养环节中系统开展学生工程意识的培养和工匠精神的塑造，是全面提升工程人才培养质量的关键（闫长斌等，2019）。

（3）工程哲学和工程实践。工程哲学是立足于哲学的高度为建设工程创新提供思想指导。殷瑞钰（2014）从知识论的视角解读工程创新，将人类在认识自然、发展生产力过程中积累的知识归结为具有网络状特征。彼此有着复杂的丰富多彩联系的知识链：科学技术工程产业知识链。李伯聪（2020）认为工程科学不同于基础自然科学。工程创新的规律需要从工程实践中进行总结，上升到工程哲学的层面进行提炼。工程科学研究与实践应当涉及人工物的原理、设计、制造、功用、结果等领域的规律性问题，也包括与人工物相关的产品和工艺的规律、原理、程序、方法和规则等。所以，工程创新通过应用工程哲学思想，实现工程活动多重目标的协调推进和工程因素的系统集成。以哲学视野推动工程创新要素集聚，推动实现工程科学体系建设。

2.3 创新行为研究进展分析

2.3.1 国外创新行为研究进展分析

与上述建设工程创新与社会关系的研究进展分析类似，基于 WoS 核心数据库，收集国际上对该主题的研究进展分析数据。在 WoS 核心数据库中，选择高级检索方式，以标题 = (Innovat * behavior)，文献类型为 = (PROCEEDINGS PAPER OR ARTICLE OR REVIEW) 为检索条件，检索时间范围选择 1999 ~2021 年（数据更新到 2021 年 12 月 31 日）。经过筛选，共收集文献 1 111篇。其中，每年发文量趋势如图 2 –7 所示。1999 ~2018 年基本保持持续增长趋势；2019 ~2021 年保持高速增长状态。因此，国际上创新行为的研究仍吸引全球学术界与实践界的持续关注。

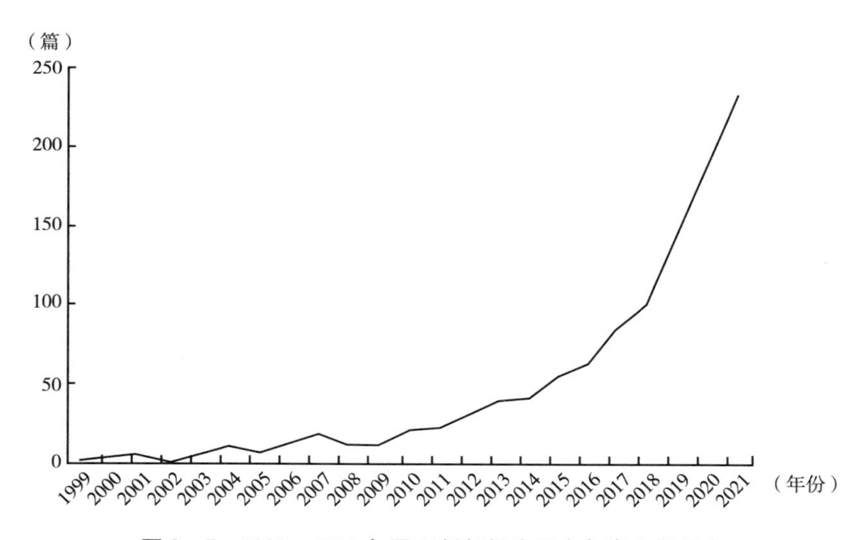

图 2 –7 1999 ~2021 年国际创新行为研究年发文量分布

1. 主流期刊分布

一般而言，主流期刊是针对同类主题，所刊发的相关论文量不少于11篇的期刊。有关国际主要期刊对创新行为的研究记录如表2-4所示。统计结果表明，主要期刊所刊发总文献数为282篇，占1 111篇的25.38%。发表创新行为文献数最多的期刊是*Sustainability*。关注城市、工程及交通等可持续发展主题，并强调研究成果对可持续发展的创新能够提供有益启发。*Creativity and Innovation Management* 填补创新战略与研发管理间研究的期刊空白，聚焦于利用战略和领导技能来管理创新、企业创新文化和隐性知识与管理经验等主题，为管理者提供在组织内引入创新并加速员工创造绩效发展的见解。

表2-4 关于创新行为研究的国际主流期刊分布

序号	来源出版物名称	次数	比例（占1 111篇的百分比（%））
1	*Sustainability*	44	3.960
2	*Frontiers in Psychology*	40	3.600
3	*European Journal of Innovation Management*	38	3.420
4	*Creativity and Innovation Management*	21	1.890
5	*Social Behavior and Personality*	21	1.890
6	*Journal of Business Research*	17	1.530
7	*Leadership Organization Development Journal*	15	1.350
8	*Journal of Creative Behavior*	14	1.260
9	*Personnel Review*	14	1.260
10	*Journal of Product Innovation Management*	13	1.170
11	*International Journal of Contemporary Hospitality Management*	12	1.080
12	*Engineering Structures*	11	0.990
13	*Journal of Knowledge Management*	11	0.990
14	*Research Policy*	11	0.990

2. 高被引文献分析

将1 111篇文献数据导入Citespace软件平台。节点类型设置为Cited Reference；研究跨度为1999~2021年。设置每年为一个时间分区，选择被引次数最多的前 30 篇文献进行重点分析，形成文献共被引网络知识图谱，如图 2 – 8 所示。

图 2 – 8　国际创新行为研究高被引文献知识图谱

再从 Citespace 平台中导出文献共被引统计表，选取高被引频次不低于 25 的文献共 9 篇，如表 2 – 5 所示。这些经典文献成为创新行为研究的知识基础。

表 2 – 5　高被引频次不低于 25 的文献统计

序号	作者	年份	文章或著作名称	被引频次
1	袁峰，伍德曼（Yuan F.，Woodman，R. W.）	2010	Innovative Behavior in the Workplace：The Role of Performance and Image Outcome Expectations	99
2	琼，哈托格（Jong J. D.，Hartog，D. D.）	2010	Measuring Innovative Work Behaviour	64
3	哈蒙德等（Hammond M. M. et al.）	2011	Predictors of Individual-level Innovation at Work：A Meta-analysis	47
4	彼得斯等（Pieterse A. N. et al.）	2010	Transformational and Transactional Leadership and Innovative Behavior：The Moderating Role of Psychological Empowerment	44
5	安德森等（Anderson N. et al）	2014	Innovation and Creativity in Organizations：A State-of-the-Science Review，Prospective Commentary，and Guiding Framework	43
6	海尔等（Hair J. et al.）	2010	Multivariate Data Analysis	36

续表

序号	作者	年份	文章或著作名称	被引频次
7	张，巴托尔（Zhang X，Bartol K. M.）	2010	Linking Empowering Leadership and Employee Creativity：The Influence of Psychological Empowerment，Intrinsic Motivation and Creative Process Engagement	35
8	波德萨科夫等（Podsakoff P. M. et al.）	2012	Sources of Method Bias in Social Science Research and Recommendations on How to Control It	27
9	贡等（Gong Y. et al.）	2009	Employee Learning Orientation，Transformational Leadership，and Employee Creativity：The Mediating Role of Employee Creative Self-Efficacy	25

其中，2010 年出现 5 篇高被引文献。袁和伍德曼（Yuan and Woodman，2010）的期刊论文是共被引次数最多的文献。该文献解释员工在工作场所从事创新活动的缘由，并从工作预期绩效与组织内部风险、收益等方面阐释员工进行创新行为所带来的预期效果。研究结果发现，这些创新行为的预期效果会受到组织支持、主管关系质量、创新工作要求以及员工创新声誉等因素的影响。容和哈托格（Jong and Hartog，2010）重点开发员工创新行为的测量标准。通过 81 位专业创新员工及其主管的试点调查，得出测量项目的初始版本。并基于 94 个知识密集型服务公司 703 名知识工作者及其主管的调查数据进行分析，最终提出测量标准包括 4 个维度：创新思想的探索、创新思想的形成、支持创新以及创新行为实施等。彼得斯等（Pieterse et al.，2010）认为与交易型领导相比，变革型领导有利于激发追随者创新行为。并通过荷兰政府机构 230 名员工的实证数据研究发现，在高心理授权的情形下，变革型领导与创新行为正相关；而交易型领导与创新行为负相关。张等（Zhang et al.，2010）综合领导力、赋权及创造力理论，构建领导力对员工创造力的概念模型，通过中国大型信息技术公司的专业员工及其主管的调查数据进行实证检验。研究结果表明，授权领导对心理授权产生积极影响，从而影响员工内在动机和创造性流程参与，最终对员工创造力产生显著影响。海尔等（Hair et al.，2010）编写的多变量数据分析与波德萨科夫等（Podsakoff et al.，2012）提出的社会科学研究方法偏差的来源及如何控制它的建议，为创新行为的定量研究提供了方法指导。

哈蒙德等（Hammond et al.，2011）对个体创新行为进行定量评估，预测4种类型（个体差异、动机、工作特征和情境影响）与个体创新行为间的关系。结果表明，个人因素、工作特征及环境因素适度影响个体在工作场所从事的创新活动。安德森等（Anderson et al.，2014）回顾2002~2013年创造力与创新的研究文献。提出创造力的研究通常考察创意产生阶段；创新行为的研究则注重创意实施阶段。贡等（Gong et al.，2009）探索员工创造力和工作绩效间的关系。发现员工的创造力与员工的销售额及工作绩效呈正相关；员工学习导向、变革型领导与员工创造力正相关。这些相关性均由员工创造性自我效能感调节。

3. 基于关键词共现的研究热点

在Citespace软件平台中，时间范围设定1999~2021年，并按每年分割；选择“关键词”（keywords）作为节点类型，运行过程中使用Pathfinder算法，最后生成关键词共现知识图谱，如图2-9所示。再从Citespace平台中选取关键词出现频次不少于35的热点术语，有21个（见表2-6）。

图2-9 国际创新行为研究关键词共现知识图谱

表2-6 国际创新行为研究关键词统计（频次不少于35）

序号	关键词	频次	中心度
1	performance	357	0.06
3	creativity	218	0.08
2	model	214	0.07
7	transformational leadership	143	0.02
6	innovative behavior	119	0.01

续表

序号	关键词	频次	中心度
19	mediating role	115	0.01
18	impact	110	0.01
8	management	99	0.04
5	work	95	0.04
11	determinant	93	0.06
13	perception	88	0
16	innovative behaviour	85	0.02
4	antecedent	75	0.02
10	employee creativity	75	0.04
15	leadership	65	0.03
9	organization	64	0.03
17	knowledge	57	0.07
12	workplace	48	0.03
14	job satisfaction	41	0.01
20	leader member exchange	38	0.03
21	perspective	37	0.01

图2-9与表2-6异曲同工地揭示了国际上对创新行为的研究现状。热点术语聚焦于绩效（performance）、模型（model）、创造力（creativity）等，共有21个热点术语。经深入分析以上高频热点术语，对创新行为研究热点归纳如下：

（1）概念界定及模型构建研究。该研究方向所涉及的热点术语有：创造力（creativity）、创新行为（innovative behaviour）、模型（model）、工作（work）、管理（management）等。创新是基于组织制度安排下参与交易的组织成员所提出的新想法。并探讨创新活动中涉及的个体、组织情境、交易活动及新想法等核心问题，为提高创新管理水平提供有益的指导（Van and Ven，1986）。阿马比尔（Amabile，1988）通过文献研究，提炼组织创新的三大影响因素：获取的知识、知识支持文化的存在及社会资本的积累，构建个体与组织双层概念模型。涉及创新组织的各方面，展现组织创新活动的关键过程。韦斯特和法尔（West and Farr，1989）通过对创新的界定与类型描述，提出个体创新模型。揭示内在工作关系、个体、组织及群体特征对组织创新的影响，并主张组织创新的实际应用。伍德曼等（Woodman et al.，1993）指出，组织创造力是组织创造有价值与用途的新产品与服务，以及组织成员在复杂社会系统中一起工作创造有价值与用途的想法及程序，并构建创造力的理论框架。旨在更好地理解复杂社会环境中的组织创造力。

（2）不同层面的创新行为及其影响因素研究。该研究方向所涉及的热门术语有工作满意度（job satisfaction）、领导力（leadership）、影响（impact）、中介作用（mediating role）、领导成员交互（leader member exchange）等。坎特（Kanter，1988）明确组织创新存在3个方面的层次。并基于组织创新不同层面的案例设计，阐述了组织创新存在项目层、组织层及组织外环境层创新等方面。阿克斯特尔等（Axtell et al.，2000）指出已有研究认识到员工创新的重要性，但鲜有对此进行实证研究，且均聚焦于创新想法产生，缺乏对创新想法实施的关注。为此进行员工、团队及组织等不同层面因素对创新行为的影响研究。研究结果表明，创新想法的产生与个体特征相关，创新想法实施更倾向于团队与组织的影响。奥尔德姆等（Oldham et al.，1996）基于2个制造业基地171名员工数据分析，检验员工个体特征及所处的组织情境等因素对员工创造力有显著影响。其中组织情境是指复杂工作情形、监督约束及上级支持等。蒂尔尼等（Tierney et al.，2006）认为创造力已引起组织管理者的浓厚兴趣。为此，有必要深入分析工作环境中的创新个体与工作情境间的动态作用，且强调领导力的重要影响。通过某大型化工企业191名研发员工数据，对员工特征、领导者特性以及员工—领导交互的多维互动创新模型进行测试。研究结果发现，员工内在动机与认知方式、员工—领导交互等与员工创造力及其绩效有显著关系。

2.3.2 国内创新行为研究进展分析

基于知网数据库，以“创新行为”为篇名（词），时间段选定1999～2021年，共得到710篇论文。针对知网数据库中各年有关创新行为研究的论文量分布可见图2－10。我国知网数据库出现创新行为相关研究在2002年。初期发展缓慢；2007～2019年快速增长阶段；2019～2021年下降阶段。整体趋于上升。

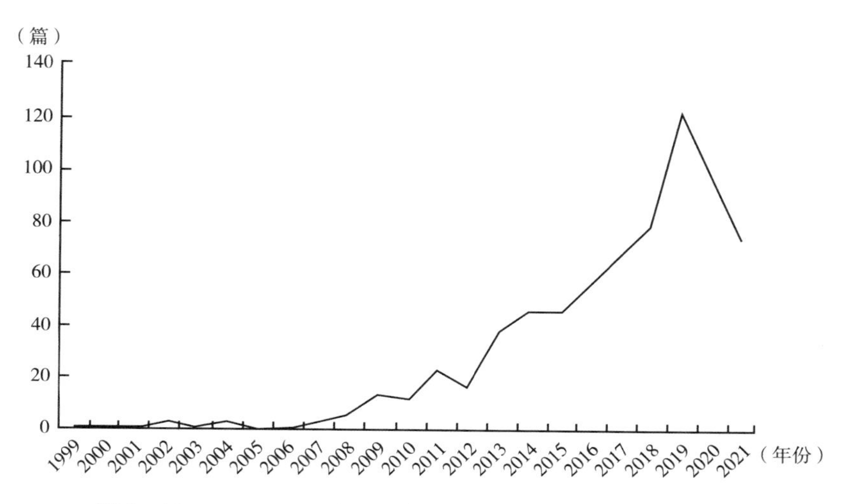

图2－10 1999～2021年知网数据库关于创新行为研究论文量

1. 重要作者分布

基于SATI3.1软件进行作者出现频次统计。选项栏中选择“作者”选项，通过“字段抽取、频次统计”等手段提取作者频次不低于5的统计文本，形成高频作者统计图。如图2－11（a）所示。其中，管理学界知名学者杜鹏程是国内创新行为研究中产量最多的作者，出现频次为11次；其次分别是赵斌（8次）、张敏（7次）、罗瑾琏（5次）、顾琴轩（5次）、李敏（5次）等。这些学者已成为创新行为研究领域的重要作者，为推动创新行为研究的深入与发展做出重大贡献。

2. 高产机构统计

在SATI3.1软件的选项栏中选择“机构”选项，通过“字段抽取、频次统计”等手段统计作者机构发文量不低于5篇的统计文本，形成高产机构统计图（如图2－11（b）所示）。其中，发文量最多的是中国人民大学劳动人事学院和上海交通大学安泰经济与管理学院（均为7篇）；其次是同济大学经济与管理学院（6篇）、安徽大学商学院（5篇）等。关于科研机构性质，研究力量主要集中在各类高等院校。这一方面表明高校在员工创新行为研究领域较为活跃；另一方面也与专业人才、研究资源、研究氛围有很大关系。

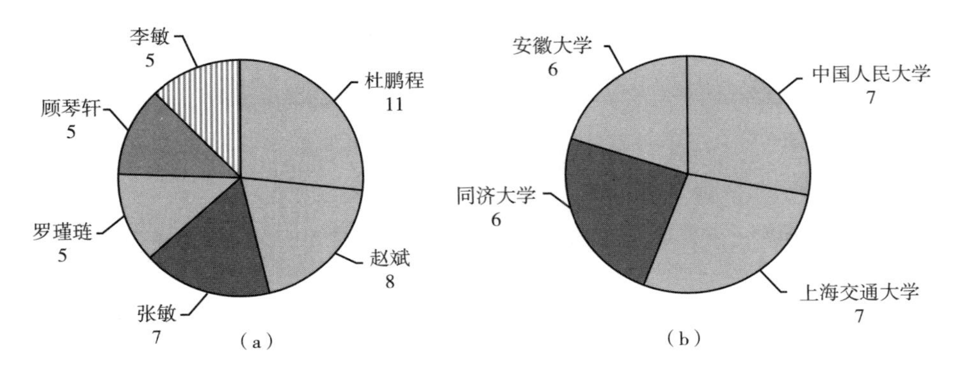

图 2-11　国内创新行为研究的作者及机构分布

3. 核心期刊分布

将题录数据信息导入文献题录信息分析工具 SATI，进行数据的导入与转换，针对统计的656 篇论文进行期刊来源分析（如表 2-7 所示）。其中显示了发表篇数不少于4 篇的期刊。发表论文共计 146 篇，占 257 篇的 69.26%。且这些期刊包括科研管理、预测及中国软科学等 A 类重要期刊，以及管理学报、研究与发展管理等 B 类重要期刊。说明创新行为研究在国内重要期刊上获得了认可与关注，且创新行为研究多集中于管理科学类期刊，尤其是管理科学类期刊中的科技发展、科学研究类期刊。如发表篇数最多的前 3 期刊：科技进步与对策、软科学、科学学研究。同时也有经济类与心理类期刊关注创新行为研究，如工业技术经济、心理科学等。

表 2-7　　发表数不少于 4 篇的期刊分布

序号	期刊名称	论文数	比例（%）	序号	期刊名称	论文数	比例（%）
1	科技进步与对策	35	5.34	10	科技与经济	5	0.76
2	软科学	13	1.98	11	科研管理	4	0.61
3	科学学研究	13	1.98	12	中国科技论坛	4	0.61
4	科技管理研究	11	1.68	13	工业技术经济	4	0.76
5	科学学与科学技术管理	11	1.68	14	预测	4	0.61
6	研究与发展管理	7	1.07	15	中国软科学	4	0.61
7	技术经济与管理研究	6	0.91	16	南开管理评论	4	0.61
8	管理学报	6	0.91	17	管理现代化	4	0.61
9	科学管理研究	6	0.91	18	心理科学	4	0.61

4. 基于关键词的研究热点探测

在 Citespace 平台中，时间范围设定 1999～2021 年，并按每年分割；选择"关键词（keywords）"作为节点类型，运行过程中使用 Pathfinder 算法（潘玮等，2017），最后生成关键词共现知识图谱如图 2－12 所示。再从 Citespace 平台中选取关键词出现频次大于3 的热点术语，有12 个（见表2－8）。

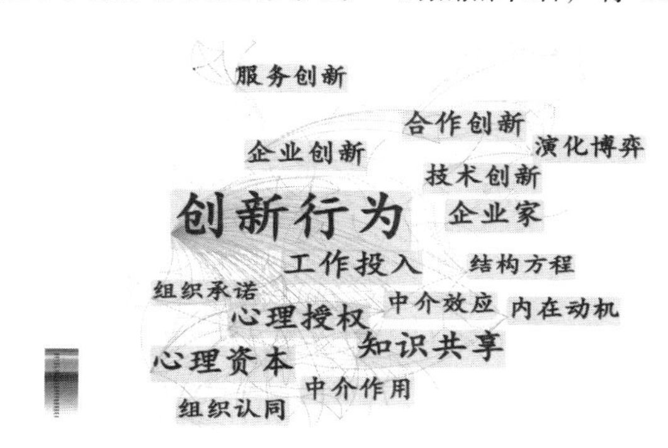

图 2－12 国内创新行为研究关键词共现知识图谱

表 2－8 国内创新行为研究关键词统计（频次不少于 5）

序号	关键词	频次	中心度
1	创新行为	285	1.09
7	心理资本	29	0.07
9	知识共享	25	0.10
2	组织认同	22	0.03
3	中介效应	10	0
4	中介作用	9	0.02
5	企业家	9	0.05
6	创新意愿	8	0.02
8	企业创新	8	0.06
10	创新氛围	6	0.01
11	员工创新	6	0.01
12	实证研究	5	0

图 2－12 与表 2－8 相互印证、互相揭示国内对创新行为的研究现状，热点术语聚焦于创新行为、心理资本、知识共享、组织认同、企业家、创新意

愿、实证研究等 12 个。经深入分析以上高频热点术语，对国内创新行为研究热点归纳如下：

（1）基础概念的界定与测量指标。

①概念界定。学术界对创新行为的概念界定，主要是从创新活动过程及结果的视角进行分析。例如，刘云和石金涛（2010）指出，个体创新行为是个体在组织相关活动中产生创意或引进新事物。具体表现为创新构想的形成、新技术的开发以及管理程序的再造，从而提高组织生产效率。姚艳红等（2013）认为个体创新活动涉及创新构想产生、寻求支持以及实施等阶段。姚明晖等（2014）提出个体创新行为的概念。强调创新行为是为促使创新构想从产生、获得支持以及实施等过程中所采用的各类行动，涉及新概念提出、新技术获取、新方法以及管理与工作流程改进等系列工作。

②测量指标。关于创新行为的测量，学术界已有的成熟量表来自斯科特和布鲁斯（Scott and Bruce，1994）的一维度量表与克莱森和斯特里特（Kleysen and Street，2001）的五维量表。刘云和石金涛（2013）借鉴单一维度量表，以中国企业员工为调研对象，共获取 956 份问卷数据对该量表进行检验。结果表明该量表具备良好的信效度。黄致凯（2004）修订五维量表，收敛为创新构想产生与执行两个维度，并通过实证分析，获得信效度检验，但效果仍不够显著。虽然现有学者已将国外量表与中国国情相结合，但效果仍不够明显。今后应注意开发适合中国情境的量表。

（2）影响因素及实证分析。

①影响因素。学术界已从个体、组织以及社会等不同层面关注创新行为的影响因素。其中，个体层面影响因素表现在工作动机、心理资本及创新自我效能感等方面。卢小君（2007）指出创新内部动机的作用表现在创新构想产生及实施方面；外部动机则在创新构想实施阶段具有重要作用。组织层面的影响因素体现在组织结构、组织创新氛围、组织创新文化以及组织对创新的支持等。如杨晶照等（2012）通过实证研究发现，结构极其复杂、集权化高的组织，则对个体创新行为的积极影响就越弱。社会层面影响因素表现为社会网络、社会资本以及政府政策等方面。黎晓燕等（2007）通过剖析社会网络、创新行为以及企业信任三者间的关系，发现社会网络联系强度积极影响企业信任，且两者均对创新行为具有显著的积极作用。

②实证分析。学术界关于创新行为的实证分析分为直接效应、中介效应

以及调节效应3个方面。直接效应表现在前因变量对结果变量创新行为的直接作用。如曾湘泉等（2008）通过工作场所情境中个体层面数据的实证检验，研究发现外在报酬与内在激励均对创新行为具有直接效应。且外在报酬以倒U型的趋势影响创新行为；内在激励正向影响创新行为。中介效应是在前因变量对创新行为结果变量影响中扮演桥梁作用。如宋典等（2011）基于中国52家企业260名员工样本数据的实证分析，研究发现创业导向有助于营造创新氛围，从而提升员工心理授权与创新行为。且心理授权在创新氛围与创新行为关系中起到部分中介作用。调节效应是在前因变量与创新行为结果变量之间的调节作用。王莉红等（2011）以研发团队及其成员为数据样本进行实证分析。研究结果表明团队学习行为强化团队成员互动与员工创新行为的积极影响，且正向调节团队成员学习倾向于创新行为的关系。

2.4 社会关系研究进展分析

2.4.1 国外社会关系研究进展分析

1. 数据收集与分布

（1）数据收集。关系是代表中国文化特色的词，在国际上有时也被直接翻译为guanxi。且社会关系蕴含人际关系、组织间关系等社会关系。为此，本书以“guanxi”为主题在Web of Science的核心库进行文献的高级检索。其中，文献类型设置为期刊论文和会议论文，检索时间设置为1999～2021年（数据更新至2021年12月31日）。共收集文献数据497篇。

（2）数据主要分布。基于Web of Science平台自带引文报告分析功能，揭示国际上对社会关系研究进展的成果主要分布。其中，图2-13和图2-14分别从研究方向与研究地区展示不同国籍的研究学者将社会关系引入不同的研究领域与研究方向。图2-13是选取社会关系与不同研究领域和方向融合后发文量排名前十的分布情况。不难发现，文献量排名前三的领域分别是商业与经济（373篇）、心理学（60篇）、社会科学（59篇）。说明文科学者十分重视社会关系的研究，尤其是商业与经济方向的学者。然而，工程领域作为文理科交叉领域，学者们也试图将社会关系引入工程研究中，并取得一定的成果。发文量为33篇，排名第6。图2－14中，文献数量的国家分布统计数据表明，社会关系研究已在全球范围内展开。其中，中国学者的贡献率最高，且发文量排名第一。是基于中国的特色文化与体制背景下，中国学者对社会关系的重视程度比全球其他任何国家的学者都高。社会关系已成为国内学术界的关注焦点与研究重点，研究成果已在国际上取得较高影响力。

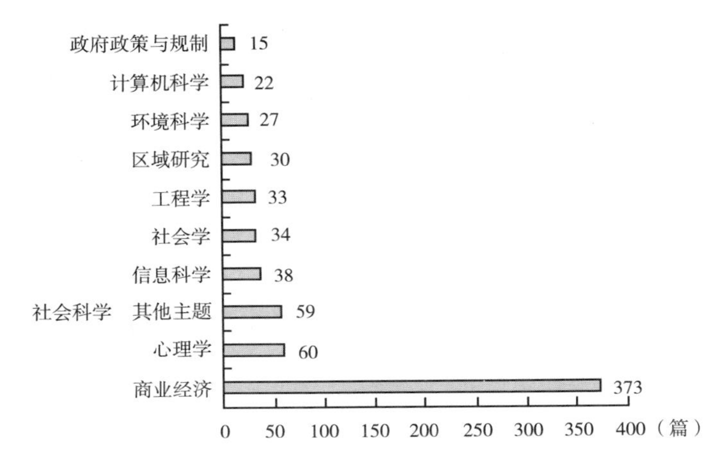

图2－13　社会关系在不同研究领域与方向的发文量排名前十的分布情况

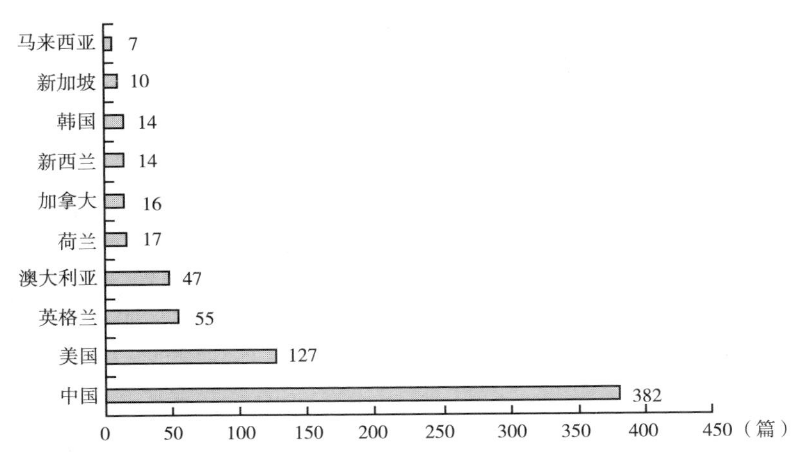

图2－14　文献数量排名前十的国家分布

2. 知识图谱形成及解析

（1）基于文献共被引的研究发展过程分析。将所收集到的文献集合导入Citespace软件平台，力图分析社会关系研究的发展路径。在该软件平台中，设置节点类型为Cited Reference，研究跨度为1999~2021年。设置每年为一个时间分区，选择被引次数最多的前30篇文献进行重点分析。选定相应剪枝算法，运行Citespace6. 1. R2.（64 - bit）软件得到社会关系研究文献共被引网络节点时区视图（time zone view）。网络图谱中共有节点694个，连线2 098条。如图2 - 15所示。再从Citespace平台中导出文献共被引统计表，选取高被引频次不低于8的文献，形成社会关系研究演进路径中的基础文献（如表2 - 9所示）。

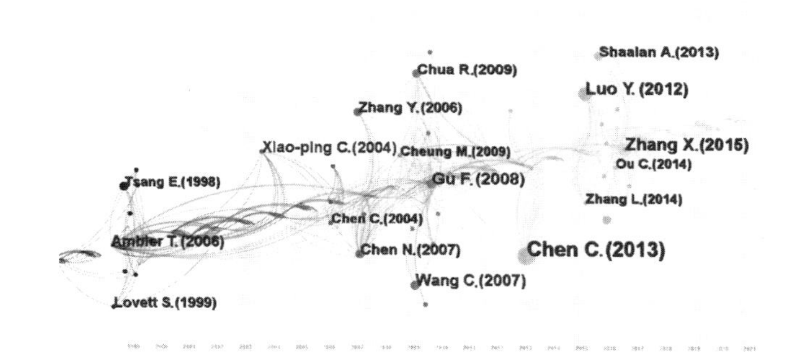

图2 - 15 社会关系研究文献共被引网络节点时区（1998~2021年，guanxi）

表2 - 9 文献共被引频次（不低于8次）

序号	关键节点文献	年份	频次
1	guanxi versus the market：ethics and efficiency	1999	8
2	on the intricacies of the chinese guanxi：a process model	2004	10
3	guanxi and organizational dynamics in China：a link between individual and organizational levels	2006	8
4	guanxi vs. relationship marketing：exploring underlying differences	2007	11
5	when does guanxi matter? issues of capitalization and its dark sides	2008	13
6	guanxi vs networking：distinctive configurations of affect-and cognition-based trust in the networks of chinese vs american managers	2009	9
7	guanxi and organizational performance：a meta-analysis	2012	14

续表

序号	关键节点文献	年份	频次
8	chinese guanxi：an integrative review and new directions for future research	2013	28
9	east meets West：Toward a theoretical model linking guanxi and relationship marketing	2013	9
10	putting non-work ties to work：The case of guanxi in supervisor-subordinate relationships	2015	15

结合图2－15和表2－9，按时间顺序梳理关键节点文献，可探寻社会关系研究的发展过程。具体分为初期探索与快速发展两大时期。

在社会关系初期探索过程中，形成4篇经典文献。洛维特（Lovett S.，1999）认为，关系是中国重要的文化与社会因素，重视关系利用对企业绩效的影响。并基于中国中部地区128家企业的调研结果发现：具有竞争资源优势属性的关系有助于提升企业绩效，且企业制度、战略及组织等因素是影响竞争资源优势属性关系的关键因素。陈（Chen，2004）指出，人际关系是在中国成功开展商业活动的必要条件。通过构建关系发展的三阶段模型，揭示个体如何利用社会活动中所形成的相互依赖来获得其他个体的信任。该模型为中国人自由进入社会活动并自愿发展人际关系提供重要的自主权。张（Zhang，2006）等将关系在个体层面重新分类为强制性、互惠型和功利型，提供一个概念框架来系统地描述个人层面的关系与组织动态之间的联系，即个人层面的关系如何转变为公司，以及它如何影响该企业在组织层面的组织动态以及关系对中国商业公司的财务影响。王（Wang，2007）基于中西方个体的特殊性，以及对信任、人情的理解不同，试图探索西方关系与中国关系之间的潜在等价机制，以期望为中国商业市场国际营销人员提供有益的理论指导。

社会关系研究快速发展时期是从2008年开始，至今已形成6篇经典文献。顾等（Gu et al.，2008）强调关系是企业用来为组织目标进行交换所形成的社会关系和网络。探讨关系怎样影响中国企业在经济转型中的销售能力以及何时会影响企业绩效治理机制。蔡（Chua，2009）通过调查中美管理人员在其工作网络中存在信任关系的差异，发现与美国管理人员相比，中国管理人员更容易将情感与信任融入一体，且经济活动在情感与信任中的影响更加显著；而友谊对美国管理人员的影响更加明显。罗（Luo，2012）等探索关系与组织绩效的关系，并将关系分解为商业关系（即与商业伙伴的关系）和政府关系（即与政府机构的关系）。通过实证发现，公司所有权（国有与非国有）和所在地（中国大陆与海外中国公司）影响关系的作用。例如，商业和政府关系对中国大陆企业组织更为重要；政府关系对国有企业的影响更加显著。陈等（Chen et al.，2013）基于中国人际关系与社会网络的研究，从宏微观视角分析关系的研究方法与理论。旨在全面探讨关系现象的错综复杂性。沙兰等（Shaalan A. et al.，2013）探讨了"guanxi"和"relationship"两者之间的差异，并提出了它们之间的创新联系。通过对两种关系营销的研究，提出了一种将两种关系营销联系起来的新型理论模型，并阐述了这种联系的理论和管理意义。张等（Zhang et al.，2015）探讨了关系的一个重要前提和后果，同时控制了传统上以工作为中心的构建领导者—成员交换（LMX）的并行过程。结果表明，尽管关系和LMX都介导了主动人格对关联OCB（即人际促进）的影响，但关系与挑战OCB（即负责）的关系更强；而LMX与任务绩效的关系更强。

（2）基于关键词共现的研究热点分析。在Citespace软件平台中，时间范围设定为1999～2021年，并按每年分割；选择"关键词"作为节点类型，运行过程中使用Pathfinder算法，最后生成关键词共现知识图谱如图2-16所示。再从Citespace平台中选取关键词出现频次不少于29的热点术语有18个（见表2-10）。

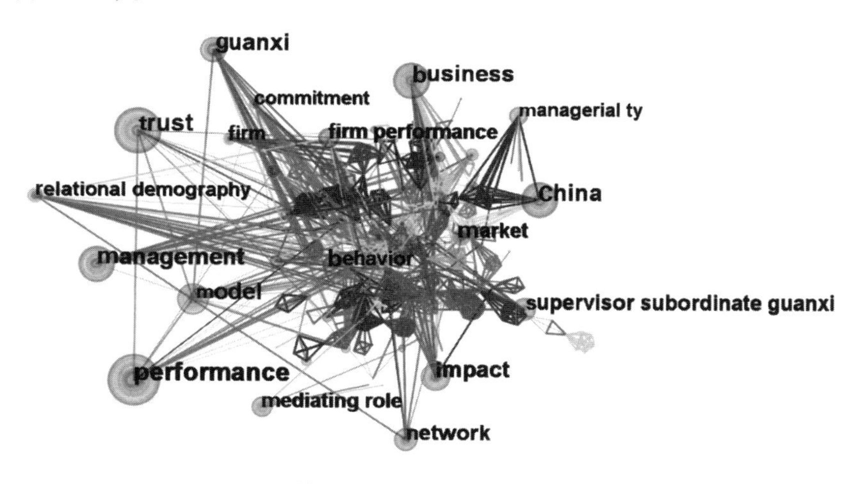

图2-16　基于关键词共现的社会关系知识图谱

表 2-10　　出现频次不少于 29 的关键词统计

序号	关键词	频次	中心度
1	Performance	115	0.09
2	Trust	90	0.03
3	Business	78	0.17
4	Management	73	0.07
5	China	72	0.10
6	Model	63	0.05
7	Guanxi	62	0.08
8	Impact	59	0.05
9	Network	51	0.03
10	Supervisor subordinate guanxi	44	0.03
11	Market	43	0.08
12	Firm performance	42	0.04
13	Mediating role	39	0.03
14	Relational demography	35	0.09
15	Behavior	35	0.06
16	Firm	30	0.07
17	Managerial	30	0.04
18	Commitment	29	0.16

图 2-16 与表 2-10 异曲同工地揭示国际上对社会关系的研究现状。热点术语聚焦于绩效（performance）、信任（trust）、商业（business）、管理（management）、中国情境（china）、模型（model）、关系（guanxi）等。结合文献数据，深入剖析以上高频热点术语，对社会关系研究热点进行如下归纳：

①社会关系的基本内涵。社会关系是中国文化背景中的客观存在，但国外学者关注不多。直到 20 世纪 70 年代，西方学者布迪厄（Bourdieu）提出社会资本（social capital）是某种体制化的关系网络，本质上是基于投入大量时间作用下所有有益资源聚集的社会网络。从而建立中国情境下的社会关系与西方社会资本的联系。西方学者们也开始接受并重视中国社会关系的研究，

并对社会关系的内涵有着不同的理解。例如，金（King，1991）指出中国传统文化背景下的社会关系是基于个体间或群体间社会经验的交流与分享所形成的，且存在有家谱的亲戚关系、邻里关系、同学关系、同事关系、师生关系、上下级关系或拥有相同爱好的朋友关系等实际形式；普伊塔尔（Tsui et al.，1997）通过追溯中国儒家文化下的关系起源，发现在中国传统儒家文化的伦理中，“伦”的内涵涉及了社会关系的概念；静（Jing，1998）基于人与人之间相互义务的视角出发，认为社会关系是非正式的私人特定关系。

②社会关系的效用与类别。在中国社会生产、生活中形成了人际关系、组织间关系或企业间关系等社会关系。当前，拥有优质的社会关系已经成为个人或组织的社会资本。社会关系的效用在商业活动中显而易见。陈等（Chen et al.，2017）基于中国台湾和巴拿马物流公司调查数据分析，探讨关系营销在个人与组织层面的差异，发现人际关系对台湾地区物流企业的绩效影响更为显著。李（Lee，2017）等把关系看成建立在互惠互利基础上的社会交流机制。并提出在管理新兴市场中，良好的客户关系是中国客户忠诚度的驱动力。

关于社会关系的类别，陈（Chen，2004）从感情与信任两个维度对关系进行分类。感情代表双方对两者关系所带来的情感满意度；信任则表现为双方对两者关系的信任度。拉玛萨米等（Ramasamy et al.，2006）基于沟通关系、承诺关系及信任关系 3 个维度，分析关系对组织间知识共享、交流及转移的效用。凯瑟琳（Katherine，1996）通过中国访谈数据，探索关系对国有公司与私营公司的效用差异。发现关系可分为人际关系、商业关系及政府关系等 3 类。私营公司提出在法律支持不发达的社会中，商业关系依赖于政府关系的保护与信任。杨和董（Yeung and Tung，1996）基于信任、互惠交换和长期导向等方面剖析关系的主要构成。

2.4.2　国内社会关系研究进展分析

基于 Citespace 平台的计量分析发现，国内社会关系研究进展未能像建设工程创新研究、国外社会关系研究等通过知识图谱进行分析，主要原因是所收集的数据无法聚类。从而采用传统的文献综述方式分别从人际关系与组织间关系两个方面进行分析。

1. 人际关系内涵界定及分类

我国关于人际关系的定义大多从心理学角度出发探讨其产生的根源。例如，乐国安等（2002）认为，人际关系是依赖于现实活动而存在的，在行动者之间彼此交往过程中形成。其主要表现形式为心理联系（包括认可、信任及亲密）及其表现出的相应行为。陆攀（2004）则基于广义和狭义两个视角，界定人际关系的内涵。从广义上讲，人际关系是人际交往过程中各类关系的总和；从狭义层面上，人际关系则是人际交往过程中的心理关系。此外，中国台湾学者杰恩（Jeng，2008）基于纽带的类比，将人际关系视为交往纽带的强度。高维和等（2009）认为当边界人员基于相似的价值观、共同的爱好或一致的性格特质等，将双方交往或互动拓展到工作之外的生活空间，形成超越工作形式的私人朋友关系，即为情感型人际关系。

综合已有对人际关系界定的概念发现，任何视角的人际关系都难以摆脱人与人之间交往与心理的联系。因此，从心理学视角来看，人际关系是认可、信任和亲密 3 种成分相互作用，推动着人际关系的产生、发展和改变。其中，认可关系是人际关系变化所有过程的前提；信任关系作为一种体验，一定程度上能衡量交往过程中彼此坦诚程度；亲密关系则反映交往双方的亲疏程度。

2. 组织间关系概念界定及作用

（1）组织间关系概念界定。组织间关系是两个或多个组织间通过相对持久的资源交易、流动及共享过程中所形成的动态关系（Oliver C.，1990），不同于纯市场的商品交易关系与权限明确的组织内部关系组织间关系的构建。旨在促进组织自身发展（李焕荣，2007）。

学者罗明是早期研究组织间关系的国内学者。并基于组织间关系结构形式的视角，认为组织间关系有对偶关系、星型关系及网络关系等 3 类（罗珉等，2008）；还基于企业市场竞争的角度，将组织间关系划分为竞争关系、合作关系及竞合关系等（罗珉等，2008）。屈维意等（2001）从结构、社会及知识等维度划分组织间关系。其中社会维度代表着企业与其他社会实体间的相互联系；结构维度代表组织间关系以及组织间关系的构成主体之间的联系状态。侧重于主体之间的联系方式、关系的维系方式、投入产出等。包括企业权益安排、组织间交流和关系控制；知识维度强调组织间知识交流、共享、互补与知识的创造。目前对于组织间关系的研究，大都是从组织间关系类别进行的。本书基于组织关系的类别，并结合建筑市场组织间关系的基本情境进行划分。具体分为合作关系、商业关系及隶属关系。

（2）组织间关系的作用与意义。交易成本理论认为，组织间关系一方面能够降低市场失灵引发的不确定性；另一方面可以降低相关的成本。资源基础观认为，组织间关系作为组织获取资源的一种手段，通过组织之间资源的优势互补，可以得到外部组织中对自身有利的资源；利益相关者理论认为，通过形成组织间联盟或网络，组织可以相互间联结益处，进而减少环境不确定性；组织学习理论认为，企业可以通过合作学习从合作伙伴处获得有用的知识。这样既可以提高企业的能力又有利于企业的增值；组织生态学认为，组织是其中一员，整个系统的进化有赖于组织间的相互依存和共生。经济方面的互换着重于外在的利益，而社会方面的互换着重于内在的报酬。组织间关系成员不断创新、降低成本以及抢占市场的能力都得益于这些交换。这些交换促进了资源的重新配置，为合作成员创造了价值。

在具体研究方面，吴家喜等（2009）通过实证研究发现，企业外部整合与企业间的承诺和互相依赖密切相关，且两者间的整合度会随着其承诺和互相依赖的提升而有所提升。这在一定程度上说明组织间信息分享的程度、关系的好坏以及企业共同参与的程度都有利于提升新产品开发绩效。也有学者认为企业的探索式和开发式创新会受到组织间关系好坏的影响。它对两种创新具有协同演化机制以及具有显著的耦合性（杨治等，2015）。良好的组织间关系，可以促进组织间的相互交流与学习。随着组织学习和运用知识，会有效提升企业的创新方式。这就为企业创造卓越的绩效提供了坚实的基础。

2.5 文献述评及本章小结

本书利用知识图谱的方法，借助 Citespace 软件和 SATI 软件对建设工程创新、创新行为及社会关系国内外研究进展进行回顾。

（1）建设工程创新研究。基于WoS核心数据库关于国际建设工程创新研究成果的国家分布统计，表明建设工程创新研究已在全球范围内开展，且中国作为东亚地区成果量排名第1。证明建设工程创新研究也是国内学术界的关注焦点。基于文献共被引的基础知识分析，探测建设工程创新三大演化阶段。再通过关键词共现分析，归纳国际建设工程创新“内涵、体系框架及战略”“驱动力与影响因素”及“合作与协同创新”等研究热点。而国内的研究热点表现在：“建设工程创新基本内涵的界定”“工程哲学与工程理念”及“教学改革与新工科”等方面。

（2）创新行为研究。国际上以创新行为研究为主题的主流期刊有*Journal of Product Innovation Management*、*Creativity and Innovation Management*及*Research Policy*等。通过关键词共现分析，发现创新行为的“概念界定及模型构建”和“不同层面的创新及其影响因素”两大研究热点。国内聚焦于创新行为研究的期刊有科技进步与对策、软科学及科学学研究等核心期刊；基于关键词共现所探测的研究热点有“基础概念的界定与测量指标”和“影响因素及实证分析”两大类。

（3）社会关系研究。社会关系是建设工程创新活动中的客观存在，但国外学者关注不多。基于WoS核心数据库关于国际建设工程创新研究成果的国家分布统计表明，社会关系研究虽已在全球范围内展开。但其中，中国学者的贡献率最高，且发文量排名第1。基于共被引文献，探测国际上对社会关系研究的两大阶段。利用关键词共现，追踪社会关系的基本内涵、效用及类别等研究热点。而国内关于社会关系的研究，由于无法通过Citespace形成知识图谱，故采用传统文献综述的方式进行分析。鉴于第4章的4.3.1节深入分析社会关系与创新行为的关系，在此仅从人际关系和组织间关系两个维度进行分析，界定社会关系的相关概念，并强调社会关系的作用与意义。

本章节摒弃了传统文献综述方式。基于知识图谱的方法，通过Citespace和SATI软件进行定量的分析。并以知识图谱的形式呈现建设工程创新、创新行为及社会关系等研究主题的国内外研究进展情况。研究结果表明：建设工程创新研究已成为国内外学术界研究的重要领域，建设工程创新的驱动力与影响因素仍是国内外研究热点。为此，本书的研究主题紧扣研究热点。同时，社会关系的效用虽在商业活动中表现显著，但鲜有学者研究社会关系对建设工程创新活动的影响。在创新行为研究中，有关学者对创新行为进行直接效应、中介效应及调节效应等实证研究，但少有学者综合 3 种效应对创新行为进行实证分析。因此，本书以中国特殊的文化为背景，聚焦人际关系、组织间关系等社会关系，探索基于社会关系的建设工程创新行为影响机理。该研究选题具有一定的创新性。既是对当前有关主题研究热点的延伸与拓展，也是对当前研究局限的突破与弥补。

第3章　理论基础

本章主要阐述基于社会关系的建设工程创新行为影响机理研究所依据的基础理论，涉及创新动力学说、社会资本理论及知识共享理论等。创新动力学是探索建设工程创新动力的核心理论。强调工程需求作为市场需求在建设工程活动中的具体表现，是建设工程创新的直接动力，为工程需求影响建设工程创新行为提供理论支撑。社会资本理论揭示社会资本是以社会关系网络的形式存在。中国的社会关系可视为中国特色文化背景下的社会资本。社会资本理论为建设工程创新参与方合理利用社会关系，提供理论方法支持。知识共享是建设工程创新活动中必不可少的环节。知识共享理论在建设创新个体间知识交流、传递及转化中起到重要作用。

3.1　创新动力学说

3.1.1　市场需求拉动

市场需求是创新活动的重要力量源泉。美国经济学家施穆克勒（Schmookler）在《发明与经济增长》中阐述“市场需求拉动创新活动”的重要观点，成为市场需求拉动学说的推行者。强调创新动力体系中，需求拉动已是最关键的驱动要素。市场需求能够为企业指明技术创新的目的和思路。为满足不断变化的市场需求，企业有动力加大研发强度，通过技术创新获得新技术和新产品进而提高预期收益。施穆克勒通过分析造纸、炼油等行业的投入产出，统计相关的专利数量，力图解释行业投资与专利数量的关系，揭示由专利所代表的创新活动与经济活动相似。既追求利润，又受到市场引导与制约。市场需求始终拉动创新活动（汪琦，2006）。此外，一定的市场需求规模是形成竞争性市场的重要因素。面对激烈的市场竞争，企业有动力通过研发创新提高核心竞争力。若无市场需求，创新则无法收益，创新主体会淡化乃至失去创新意识。且由于创新资金来源市场无法提供，创新主体将无法筹划、启动创新活动。英国学者罗纳德和朱利安（Ronald and Julianne）认为市场需求拉动对创新活动的刺激具有普遍性，尤其是对某些特殊产品或生产工艺的需求已成为创新活动的根本动力。市场需求在建设工程创新活动中表现为工程需求，它是建设工程创新的直接动力。郑俊巍（2018）认为工程需求具有对建设工程创新的驱动作用。张镇森（2014）指出工程需求是建设工程创新的关键影响因素。强调工程复杂环境有助于促使工程需求的产生。

3.1.2 科学技术推动

科学技术是第一生产力，是生产方式中最活跃、最革命的因素。科学技术在其宏观动力和内在运动规律的共同作用下，总是在不断地运动和发展，不断地被应用于生产，成为推动企业技术创新的强大动力。科学技术推动学说是由创新理论之父熊彼特学者提出的，将技术创新的驱动力观点阐述于《经济发展理论》和《资本主义、社会主义和民主》中（陈晶莹，2010）。认为科学技术是创新活动的主要动力，具体表现在科技进步及其重大成果引领全新市场，激发市场潜在需求。并指出技术创新需求不是源于市场，而是创新主体主动利用技术的完善，推动其功能更加实用。旨在满足市场新需求（王海燕，2011）。同时，强调科技进步与发明创造所带来的巨大市场收益，从而进一步激发企业创新的动力，推动技术创新的持续发展（陈晶莹，2010）。在1960年之前，科技推动创新这一观点已成为西方创新理论的主流观点。

科学技术的历史表明，科学技术上的重大突破，总是会引起企业的技术创新活动，并形成高潮。新的科学技术成果对企业技术创新具有较强的促进和刺激作用。究其原因在于新科技成果在并入生产过程转化为产品后，可得到较高具有垄断性质的利润，有利于企业获得商业成功，得到经济实惠和心理满足。这就会不断地激励企业积极吸纳科技成果，进行技术创新。此类创新有难度大、风险大、成本高等特点，且属于突破性创新的范畴，从原理构想、开发研制、投入生产到最后产品占有市场均是前所未有的。为此，此类创新也会以新产品、新产业的形式给企业提供更大的机会，促使企业甘愿冒风险去进行技术创新。由此可见，科学技术进步对企业技术创新的直接推动作用是十分显著的。

3.1.3 其他因素驱动

1. 市场竞争

市场竞争机制是激发市场创新活力的关键因素。市场经济环境中的大多数企业在寻求生存与发展的过程中，均面临竞争压力。为此，企业通过创新占领市场高地，增加市场份额，提升企业竞争优势。市场竞争已成为企业技术创新的主要动力。详细来讲，市场竞争驱动企业技术创新的具体表现为：

（1）市场竞争迫使企业快速收集情报资料，准确及时掌握市场信息，为技术开发做好前期准备。在无情的挑战和裁决面前，企业不得不关心市场信息。关心自己产品的质量处于什么水平；产品品种、规格是否满足用户的需求；价格是否合理等。通过对这些情报资料的收集和信息的掌握，企业就能做到知己知彼，以确定技术开发的方向、任务和要求。

（2）市场竞争让企业更能忠于市场发展，开发物美价廉、满足客户需求的新产品。在激烈的市场竞争中，企业要为自己的产品打开销路，占领市场，提高市场占有率，就必须采用先进的科学技术，改进设备和生产工艺，提高劳动生产率，节约费用支出，降低产品成本。同时企业也要更新思路，挖掘潜力，不断使产品更新换代，增加花色品种，提高产品质量，尽可能使生产符合市场的需要。如果市场竞争不够，企业就会失去市场压力，造成技术创新进展缓慢甚至停滞不前。

（3）市场竞争有助于改变创新个体的观念，提升技术创新个体的能力。无情的市场竞争促使人们产生强烈的危机感和紧迫感，进而压力变为动力，在竞争的实践中树立起新的观念。企业也会想方设法通过各种措施来提高职工的素质，特别是职工的科技素质。企业职工自觉自愿地学习技术和文化，提高文化知识和操作水平，以适应市场竞争需要（董明涛，2008）。此外，徐维祥（2002）指出企业在市场竞争中保持创新水平的领先地位，提供顶级销售服务，已经成为抵制他人模仿对创新者侵扰的更为有效途径。

2. 政府政策

创新是一项具有很高外部经济性的活动。任何一个产业的创新，不仅推动着本产业也给其他产业的发展带来强烈的推动，对于一些具有重大经济意义的创新尤其如此。而仅靠市场、科学技术等因素并不能自动提供一些有利于创新的外部环境。因此，还需要依靠政府的支持来促进技术创新。几乎各国政府都采用了各种支持和激励创新的政策和手段。在有些国家，政府对技术创新的推动已经具有相当长的历史。可以说，技术创新水平高低在很大程度上取决于政府对创新活动的支持。

另外，企业是自主创新的主体，具有一定的责任感。根据自身的发展实际，加大创新的力度与投入。但同时也需要国家政策、行为的支持与扶持。国家在战略部署过程中，以科技创新为基本战略，制定相应的政策或法律法规推动技术创新活动的开展。通过宏观的规划激发企业技术创新，鼓励企业成为自主创新的主体。如制定加强国家创新体系建设的政策，促使企业积极开展技术创新活动，提升企业的技术创新能力；适当放松或扩大研发费用的适用范围，并按照相关比例抵扣企业所得税；通过产业试点工作的开展，构建“产—学—研”技术创新联盟等（顾大钊，2009）。

3. 企业家精神

企业家是现代企业系统运作的核心，是参与企业战略决策的关键主体，对推动企业技术创新具有至关重要的作用。企业家精神是由渴望新事物、渴求变革和追求成就感的内在心理动因所激起和驱动的企业经营者的开拓进取精神。企业家精神是企业家在经营管理过程中产生的一种体现其职业特点的思想意识、思维方式和心理状态。其本质是一种文化，是一种锐意进取、势不可当的创业冲动。

同时，企业家精神是企业从事技术创新活动的重要前提和基础，而技术创新则是企业家精神在现实中的一种集中体现。一方面，以创新精神为核心的企业家精神促使企业家不满足于企业已有的技术体系，力求改变现状，不断地寻求技术突破和创新，主动对现有产品、服务、市场、工艺和技术等进行生命周期分析，找出问题所在。并运用适宜的技术手段，确立企业的技术优势，从而以创新推动企业的不断发展；另一方面，富有创新精神的企业经营者，必然会使企业的每一位管理人员、科技人员乃至全体人员都迫切地渴望新事物、渴求变革，并且通过制定具有开拓精神的创新政策和创新计划来实现创新目标，从而使技术创新对创新者和全体员工都具有吸引力。如于骥（2008）基于企业技术创新活动发生过程的视角，指出企业技术创新的根本驱动力源自企业家精神。刘元芳（2007）把企业家精神视为企业创新的灵魂，企业家创新精神有助于发现企业自主创新的机会，整合创新要素，更好地推动企业自主创新进程。李垣等（2007）基于河南300家企业进行问卷调查发现，影响这些企业开展自主创新活动的最大阻碍是企业家精神的缺乏。并指出企业家精神包含首创精神、冒险与敬业精神等，是企业从事自主创新的核心力量。

3.2 社会资本理论

3.2.1 社会资本概念界定及特点

1. 社会资本概念界定

社会资本理论作为跨学科研究范式，已在社会学、经济学、管理学等领域得到广泛应用、发展及扩充。但至今各领域的研究学者对社会资本内涵与外延尚未形成共识。为更全面界定社会资本概念，梳理以往国内外学者们对社会资本理论内涵的不同理解（见表3-1）。

表3-1 国内外学者们对社会资本概念的不同理解

作者	年份	社会资本概念界定
汉尼芬 (Hanifan)	1916	指出社会资本是存在于社会群体或家庭中的社会关系，具有亲切感与同胞情，能够帮助获取资源、满足个人或家庭的需要
格伦·洛瑞 (Glen Loury)	1977	将社会资本视为以获取有用资源为导向，具有某种能力、技能的行动者间产生的社会关系

续表

作者	年份	社会资本概念界定
皮埃尔·布尔迪厄 (Pierre Bourdieu)	1986	社会关系是群体成员间各类资源的集成，且与制度化的关系网络密不可分，旨在为群体带来有效资源支撑
科尔曼 (Coleman)	1988	提出社会资本概念界定是基于资本功能本身的各类形态的实体组合，强调这些不同实体来源于组成社会结构的各要素，能为该结构内部成员行动提供便利
普特南 (Robert Putnam)	1993	提出社会资本与物质及人力资本有显著差异，后者强调物质是个人资源，前者社会资本则能为社会活动中的个体带来便利有效的资源，前者的主要内容涉及规范、信任及网络形式
福山 (Fu Kuyama)	1999	指出社会资本是行动者间隐性分享的价值观念与规范，有助于提升相互合作的机会。社会全体成员间的相互都采取可靠和诚实的行动，则带来彼此的相互信任，从而提高人、群体或组织的运作效率
林南（Lin）	2001	认为社会关系是内嵌于关系网络中的各类资源，社会个体可通过采取适当行动以获得和使用这些资源
李惠斌 杨雪冬	2000	界定社会资本是基于社会各类组织间及成员间的相互作用所形成的带来生产效率的社会网络，强调以规范、信任和网络作为核心
卜长莉 金中祥	2001	指出社会资本是行动者间以关系为基础，以文化作为行动指南，以共同利润为目标，通过行动者的交互交流所形成社会关系网

基于表3-1中国内外学者们对社会资本的不同理解，挖掘社会资本丰富的内涵，提炼众多学者所认同的本意与指向。可将社会资本视为与物资、人力资本有所差别的嵌入社会网络结构中的关系资源总和，涉及行动者行为规范、相互信任与合作以及行动者网络等。强调社会关系网络是行动者间互信、合作及采取集体行动的基础。

2. 社会资本的特点

（1）以社会关系网络的形式存在。社会资本是在制度化关系网络中，占用或获取网络资源的集合，并通过社会关系网络的形态展现。这种社会网络并非社会规定的或自发形成的。而是存在于特定的工作关系、群体关系和组织关系中，需要依托制度化进行加强。

（2）社会资本是隐性无形的。社会资本与物质资本、人力资本的显著差别体现在其具有隐性无形性。物质资本是有形的实体。主要涉及厂房、设备、机器及原材料等实体物质；人力资本是存在于广大劳动者之中，具有一定的形态。主要表现为劳动者经验、受教育程度及劳动技术水平等方面；社会资本实质上是无形的，以人际关系和组织间关系为表征，仅能感觉到，却无法看见或触摸的隐性虚体。

（3）具有不可转让性。社会资本不是拥有者的私人财产，拥有者不能根据主观意愿将社会资本转让给其他个体而收益。由此社会资本是不可转让的，社会资本与其所有者终生相伴。并有一定明确的使用范围，不同个体所拥有不同使用范围的社会资本。

3.2.2 社会资本的构成要素及分类

1. 社会资本的构成要素

通过对社会资本概念的解析，可以将社会资本理解为社会网络中的行动者利用自身所拥有的个人资源和社会资源，通过关系强度的选择和调用，利用组织中的信任和规范的约束，有目的、有计划地使用资源，以达到自己的愿景。因而社会资本涉及社会关系网络、行动者所拥有的资源、行动者间关系强度、信任与规范以及行动者的愿景等5种基本要素。第一，社会关系网络通常是由行动者间自然关系、地缘关系及职业关系等组成；自然关系是通过血缘和姻缘所产生的关系；地缘关系本质上是老乡关系；职业关系是职业相同或相近的行动者间产生的关系。社会资本则可通过行动者在这些社会关系网络的活动过程中产生价值。第二，在社会关系网络中行动者拥有个人与社会两大资源。个体资源是行动者自身属性，包括教育文凭、职业职称以及工作经历等；社会资源是行动者通过社会网络，实现与外界相互联系所获得的有用资源。第三，关系强度的大小在于行动者维系该关系所付出的成本大小；关系强度影响行动者对社会资源的调动以及社会网络扩展。第四，社会资本所带来的信任与规范是保持一定关系强度的前提，有助于确保社会网络稳定。信任感是基于长期共同的工作、生活所培养出来的；规范是组织运行的规则与制度。第五，行动者愿景有助于确保社会网络中资源、信任与规范以及关系强度得到实现。是通过自我意识，认识社会资本带来的优势，从而设定的自身愿景。

2. 社会资本的分类

关于社会资本的分类，当前较为主流的分类方式有两种。第一种是基于宏微观视角，社会资本从宏观层面上涉及社会组织与制度构架，包括法规、政治体制及民主程度。属于制度经济学的研究范式；微观层面涉及组织、社会网络以及潜于其中的价值观念和行为规范。第二种是从其主要组成来看，社会资本可划分为认知资本与结构资本。认知资本涵盖行动者态度、信任及行为等主观无形的因素；结构资本涉及社区的自发性组织机构，多种类的俱乐部等客观因素。

3.3 知识共享理论

3.3.1 知识共享内涵与类型

1. 知识共享定义及特征

知识内涵的开放性与复杂性决定了众多学者对知识共享概念的界定有着不同的观点。为更全面理解知识共享概念范畴，现梳理以往学者从不同视角对知识共享的理解（见表3－2）。

表3－2 学者们从不同视角对知识共享的理解

视角	作者及年份	基本观点
信息技术视角	纽厄尔 （Newell，1982）	区别知识库中符合与知识间的不同，认为知识共享涉及理性判断与推理机制等过程，从而赋予知识库生命
信息沟通视角	亨德尔克斯 （Hendrlks P.，1999）	指出知识共享是一种个体间沟通、互动的过程

续表

视角	作者及年份	基本观点
组织学习视角	森格 (Senge B. M. , 1990)	知识共享不仅是简单的信息传递，还需要双方互助理解信息内涵，从中学习、转化为有用信息，以提升双方行动能力
	南希 (Nancy, 2000)	认为共享是一种“知晓”，与对方分享知识，对方经过学习消化，享有知识，它的最终目标是知识共享于整个组织
市场视角	谭与玛格丽特 (Tan and Margaret, 1994)	基于信息系统分析师与使用者的互动，强调知识共享是一种市场交易，通过有效沟通，促使系统目标的实现
系统视角	诸葛 (Zhuge, 2002)	借助系统思想剖析知识共享内涵，指出知识共享是系统的整体协同活动，往往是通过整个系统发挥效能

从上述关于知识共享界定，并结合文献深入分析，总结、提炼知识共享的基本特征：第一，知识共享至少发生在两个个体间，且每个个体扮演知识发送者与接受者两种角色；第二，知识共享可能会发生在组织的各个层次，如个人层次、团队层次、部门层次或整个组织层次，但主要发生在个体层面；第三，知识共享并非自发的，而是种有意识的、自愿的行为；第四，知识共享是个体间正式与非正式的互动过程；第五，知识共享结果是知识被共享双方所共同占有。但知识发送者仍有对知识的所有权。

2. 知识共享类型

从知识共享主体、知识类型及知识来源等不同的角度，可将知识共享类型划分为三大类型。第一种类型是从不同共享主体的视角，将知识共享分为员工间、团队间及组织间等不同主体间的知识共享（Gunnar H. A. , 1994）；第二种类型是基于知识本身属性的视角，将知识共享分为显性知识共享与隐性知识共享（张作风，2004）。显性知识的共享涵盖电子邮件、电子论坛、数据库/知识库、各种文档等内容，可借助信息交流技术得以实现。隐性知识的共享则对交流的层次要求很高，往往是面对面较长时间的访谈交流；第三种类型是基于知识来源不同，将知识共享分为组织外部知识共享和组织内部知识共享。组织外部知识涉及与组织环境、供应商、销售商及竞争对手等相关的知识。组织内部知识则是组织内部制度环境、工作流程、产品信息及记录信息知识等（李亚辉，2005）。

3.3.2 知识共享方式与影响因素

1. 知识共享方式

不同个体、团队及组织间有效的知识共享方式，有利于发挥知识共享的成效。已有学者依据知识共享的不同类型，结合实际案例，总结知识共享方式。例如，何鉴等（2010）基于4个典型水电项目所涉及的42名工作人员的样本，提炼出在大型水电项目建设过程中存在的15种知识共享方式。并强调工作文件的传送、电子邮件的发送、信息系统的共享、内部会议研讨及电话沟通是最重要的5种共享方式。杨静（2011）认为工程咨询类单位组织内部成员技术、知识的共享方式，往往是老师一对一或一对多的传授；但对于团队业务知识的共享方式则表现为知识库的构建与共享。王伟等（2011）针对建筑企业，提出其内部隐性知识共享方式：构建隐性知识共享平台，营造隐性知识共享文化以及设置隐性知识主管职位等。

2. 知识共享影响因素

知识共享影响因素可从知识共享主体、客体以及环境等维度进行分析。（1）知识共享主体影响因素包括共享动机、人际关系及领导重视等。例如，豪等（Haua et al.，2013）构建知识管理流程的综合模型。选取2010个员工样本，探索个人动机对员工显、隐性知识共享的影响差异。张玲（2009）认为隐性知识共享效果不显著的主要原因是企业领导缺乏对隐性知识管理的重视和激烈竞争环境；（2）知识共享客体影响因素涉及知识本身特点、来源及类别。卡明斯（Cummings，2003）指出知识所具有的复杂性、内隐性及嵌入性等特点，影响知识共享成效。彭正龙等（2008）基于模型构建，探索认知能力与知识特性对知识转移影响机制；（3）知识共享环境主要是指文化环境。影响因素涉及个人价值观、组织文化、组织制度等。马等（Ma et al.，2008）针对建筑行业，提出建筑企业文化环境与其员工知识共享正相关。

格雷厄姆等（Graham et al.，2009）通过剖析爱尔兰建设工程项目案例，发现组织学习对参建人员关于项目内部知识共享具有显著影响。维亚卡斯等（Vsiakas et al.，2010）认为组织文化意识、传承及新共享工具的开发都显著作用于项目知识共享行为。陈郁青和陈建民（2009）指出影响监理单位知识共享的主要障碍有：监理部门缺乏有效的知识管理方法、组织模式落后以及组织文化僵化等。强茂山等（2012）认为项目特征、IT 系统、组织文化、机构及制度等 5 类环境因素，影响大型水电工程建设施工企业的知识共享。

3.4 本章小结

理论基础是基于社会关系的建设工程创新行为影响机理研究中不可缺少的重要内容。本章主要从创新动力学说、社会资本理论及知识共享理论等三部分进行阐述，明晰创新动力的来源有科学技术、市场需求、市场竞争、政府政策及企业家精神等，强调建设工程创新的动力来源是建设工程需求。市场需求在建设工程创新活动中表现为工程需求，也是建设工程创新的关键影响因素。再从概念、特点、构成要素及分类等方面系统地阐述社会资本理论。认为社会资本是与物资、人力资本有所差别的嵌入社会网络结构中的关系资源总和，涉及行动者行为规范、相互信任与合作以及行动者网络等。指出社会关系是行动者间互信、合作及采取集体行动的基础。最后阐明知识共享理论的基本内涵、主要类型、共享方式及影响因素等内容。强调知识共享是常发生在个体间有意识的自愿互动的行为，明晰知识共享类型中涉及显性知识共享与隐性知识共享。总之，创新动力学说、社会资本及知识共享等理论，为基于社会关系的建设工程创新行为影响机理研究提供了有益的理论支撑。

第4章 模型构建：基于案例与理论假设研究

机理概念模型构建是研究基于社会关系的建设工程创新行为影响的核心内容。案例研究、理论假设是构建机理概念模型的常用方法。本章在明晰案例研究设计原理的基础上，选取X磁浮轨道交通工程和Y铁路工程等典型案例，开展案例研究，总结、提炼社会关系对建设工程创新行为影响的预设命题；再结合理论文献分析，提出相关理论假设；最后，基于案例与理论假设研究，构建基于社会关系的建设工程创新行为影响机理模型，以支撑第5、第6章实证研究的展开。

4.1 案例研究

4.1.1 案例设计

1. 研究方法选择

案例研究作为实证研究中质性研究方法，以某个特定问题、特殊现象的阐释为目标，基于丰富的案例数据，深入的观察与剖析，试图寻找与发现新的潜在变量或变量间的关系（王金红，2007），有助于揭示该特定问题或特殊现象背后的复杂原因与深层次机制（苏敬勤等，2011）。此外，案例研究也是构建、验证研究理论的基本方法。常应用于研究“是什么”“为什么”“如何”等基本问题（张敬伟，2014）。

基于研究目的的不同，案例研究可分为解释性案例、探索性案例和描述性案例等。其中，解释性案例研究的目的是通过案例中呈现的因果关系，探索事物形成路径，适用于研究事情是如何发生的问题；探索性案例研究则通过界定研究问题，依托新观点与新视角，超越已有理论，提出新假设，挖掘新理论；描述性案例分析是立足于已有理论基础，通过故事表达或图表呈现的方式，详细表述事物、现象、情景等基本活动。基于案例数量划分，案例研究有单案例研究与多案例研究之分。且双案例研究常被视为多案例研究的一种特殊情形（Yin R. K. ，1994）。

通过文献综述与理论基础，不难发现关于建设工程创新理论已有系统的分析框架与理论渊源。但本书是基于视角来分析社会关系对建筑工程创新的影响机理。该影响过程所嵌入的现实工程情境极其复杂，内在影响路径较为模糊。故采用多案例探索性研究的方法，从建设工程创新实际案例中进行经验主义分析，以获取其他研究途径较难提炼的宝贵实践知识，深入挖掘各因素间复杂关系，有助于提出预设命题及框架模型。

2. 典型案例选取

案例选取是案例分析的起点，决定案例研究的成败。对于多案例的选择，Eisenhardt 设计两种选择方案——最相似系统和最不同系统。为挖掘研究对象的多维特征，最相似系统设计已成为最优的案例选取手段（Eisenhardt K. M. ，1989）。为此，本书以建设工程创新为研究基础，并依据此研究主题，选取典型建设工程项目技术创新案例，进行案例分析。虽然建设工程常涵盖房屋建筑工程、铁路工程、磁悬浮工程等，但与铁路工程、磁悬浮工程相比，房屋建筑工程的投资规模小、技术要求不高，导致其缺乏建设工程技术创新的需求。因此，业内将建设工程创新中所涉及的建设工程，视为投资规模大、技术创新需求高的重大建设工程，如铁路工程、磁悬浮工程、地铁工程等。

此外，奥哈萨洛（Ojasalo）指出案例分析的效度是基于多案例间所得结论的对比、验证及相互支持而获得提升，从而也提高了案例研究结论的适应性与推广性（Johnston W. J. et al. ，1999）。多案例研究虽利于案例间交叉验证，但实际上又不宜过多。否则会浪费大量人力、物力等资源。且获取资料过程烦琐，易迷失于大量资料的分析中，获得似是而非的结论，从而使研究不具备一定说服力与准确性。

综上分析，本书选择双案例样本。且以重大建设工程为代表，选取某城市轨道交通工程与某铁路工程为案例研究对象进行双案例样本分析，并分别匿名为 X 磁浮轨道交通工程和 Y 铁路工程。鉴于工程的保密性，这里不介绍工程的详细信息，仅从研究的视角阐述其实际情况。

3. 数据收集与整理

（1）数据收集。为提高案例研究分析与结论的可靠性，通常需要采用多种途径收集案例相关资料。本书的数据收集通过建设工程项目内部文档资料查阅、二手资料收集等方式，多渠道地收集案例相关资料。其中，文档资料主要是收集查阅与建设工程创新主题相关的内部各类文件。如建设工程技术创新实施方案、会议纪要等；二手资料则是与创新主题相关的企业公开书籍、网址网页等。此外，在此基础上，对 X 磁浮轨道交通工程及 Y 铁路工程项目有关人员通过研讨会的形式开展项目调研，并针对研讨结果所收集的关键信息，做进一步核对与补充。

（2）数据整理。数据收集结束后，及时总结、提炼原始资料，将零散的信息来源转换成为直观的文本资料，通过研讨会所记录的笔记、录音音频文件以及反复回忆等多种方式，挖掘发言专家观点中的深层次内涵，尽量确保研究内容得到全面、精准以及高度概括。基于多渠道数据收集流程精心设计、过程全面挖掘以及结果收集汇总等基础研究分析工作，再对数据进行整理与挖掘，为后续分析工作做准备。

4.1.2 案例剖析

1. 案例内分析

（1）X 磁浮轨道交通工程。在某城市的 X 磁浮轨道交通工程建设期间，遇到标准空白、精度要求高、道岔开发及测速定位难等工程难点问题，驱动工程创新。并在参建单位协同作用下，确保 X 磁浮轨道交通工程创新活动的顺利开展。

①工程问题驱动。X 磁浮轨道交通工程在建设中不断突破创新，进行技术攻关。工艺及材料设备创新，全面解决中低速磁浮交通工程技术难点问题，实现了我国中低速磁浮交通技术从理论到工程化应用的重大突破。确保工程

质量，控制工程投资。

第一，技术标准待创建。为填补技术标准空白，各参建单位创建技术标准。如磁浮公司编制企业标准《磁悬浮工程设计暂行规定》《磁悬浮工程施工及验收暂行规定》；政府相关部门创建地方标准《中低速磁浮交通设计规范》《中低速磁浮交通施工质量验收规范》；土木工程学会编写《中低速磁浮交通工程设计规范》。这些技术标准共同推进了我国中低速磁浮标准体系的形成。

第二，精度要求突破。针对施工精度要求高，开展中低速磁浮轨道梁模板工艺、数字化空间测量技术、高精度中低速磁浮轨道梁预制工艺等创新；依据 F 轨加工精度高，开展 F 轨毛坯轧制、机床加工，以及轨排检测、组装、涂装、打磨等工艺工法创新；基于轨排铺设精度高，开展相关工艺工法创新活动。包括 CPⅢ 精测网布置、承轨台钢筋绑扎、模板安装、轨道精调等。

第三，道岔开发与测速定位难。根据磁浮道岔特点，开展道岔的设计、制造、安装、调试研究。主要包括道岔设备生产加工，控制系统、供电系统、传动系统、检测系统等的开发。考虑到磁浮列车不接触轨面运行，在车轴上安装转速计测速的方式不适用，研究解决“计数轨枕 + 多普勒雷达”的测速测距方案及应答器定位方案的列车运行控制技术。

②组织间协同。由于该项目技术新、时间紧、任务重、要求高，设计、施工、制造、科研、试验等工作相互交织，协调难度大。为确保项目按期建成投入运营，业主单位会议研究决定委托一家大型承包商，采取设计—采购—施工总承包的方式建设 X 磁浮轨道交通工程。经多方竞争性谈判，最终确定 ZGTJ 股份有限公司作为工程建设总承包主体，实施“设计施工总承包 + 采购 + 研发 + 制造 + 安装 + 联试联调 + 运营维护”的独创 EPC + 模式进行项目建设管理。

TS 院代表 ZGTJ 股份有限公司，全权组建总包项目部。各标段的施工单位分别是 ZT11 局、ZT12 局、ZT16 局、ZT23 局、ZT24 局等单位。成立以总包单位为核心的科技创新领导小组，组织实施项目创新规划方案。由于 TS 院、ZT11 局、ZT12 局等单位组织都隶属于 ZGTJ 股份有限公司，同时参建人员间存在以往的合作经历，更好地推进了 X 磁浮轨道交通工程组织间及个体间的协同创新。最终，工程共获得专利 300 多件。其中发明专利 100 多件，实用新型及外观设计专利 100 多件。突破了磁浮列车特殊的测速测距技术和列车运行控制方案，全面掌握了桥梁、低置线路、车站结构、磁浮轨排、道岔、供电轨等关键设备设施的生产与施工工艺，以及车轨耦合规律及其联调技术。

（2）Y 铁路工程案例。Y 铁路工程沿线地质复杂，面临多年冻土、所经地区气压低高寒、严重缺氧等问题。且高原高寒生态系统独特、珍稀物种多、生态环境脆弱等独特的地理、气候、生态与地质环境，造成 Y 铁路建设的“多年冻土、高寒缺氧、生态脆弱”三大工程难题，驱动了 Y 铁路工程创新。通过协同各参建组织的创新资源，实现了 Y 铁路工程的创新目标。

①工程问题驱动。为应对 Y 铁路工程所面临的三大工程难题，各级监管部门系统安排、分解难题，组织优势科技资源，坚持试验先行，进行联合攻关，逐步构建了我国高原铁路技术标准体系。

第一，多年冻土。为攻克高原冻土这一难题，借鉴国内外成功经验与做法，建设冻土试验段。以试验先行、样板引路的方式将研究成果应用于 Y 铁路冻土施工，综合采用热棒、片石通风路基、通风管路基等多种措施，提高与保证冻土路基的稳定性。在修建高原永久性隧道时，首创了多项冻土工程措施，相继攻克冰岩光爆、冻土防水隔热等多种冻土施工技术难题。

第二，高寒缺氧。如何在高寒缺氧的严酷高原环境下保障人员安全也是一项世界性难题。坚持“以人为本，卫生保障先行”原则，国家有关部门与地区政府相互配合，建立三级医疗保障体系。沿线设置医疗机构（即项目部卫生所）达 115 个，并设置大型制氧站 17 座，配备 25 台高压氧舱，安排医务人员 600 多名，形成能够快速、及时、有效救治危重病人的医疗网络保障体系。

第三，生态脆弱。施工准备阶段，反复踏勘现场，对施工场地、砂石料场等布置反复商讨，尽量避免破坏植被。工程施工阶段，遇植被难生长地段，采取逐段移植的方式；自然条件稍好地段，采取人工培植草皮的方式。同时线路途经自然保护区，为了保护野生动物，修建野生动物迁徙通道。另外，针对 Y 铁路工程全线实施环保监理制度，主动接受沿线环保部门的监督检查。

②组织协调。Y 铁路工程的建设期间，成立以建设单位为核心的 Y 高原铁路试验工程现场协调组，协调站前和站后试验工作。安排站前工程科技试验 6 个试验段近 40 个科技创新项目，明确各参研单位的任务和分工；站后工程试验段包括电力、通信、信号、车辆、给排水、房建及采暖等各方面内

容。基于建设单位认真组织协调，各项工程试验按期完成任务，保证了 Y 铁路工程建设的顺利推进。

在 Y 高原铁路建设过程中，TD 部组织铁路内外多家科研院所（TY 院、TS 院、TW 院等）、高校（ZN 大学、BJT 大学、STD 大学等）和有关企业（ZT 工程总公司及所属 1 局、2 局、3 局等，ZT 建筑总公司及所属 11 局、12 局、14 局等）数百名科技人员联合开展科技攻关，用科技成果指导设计、施工，为攻克多年冻土、高寒缺氧、生态脆弱等难题提供了有力的科技保障。

2. 案例间剖析

基于对 X 磁浮轨道交通工程创新案例与 Y 铁路工程创新案例的分析，不难发现建设工程创新往往都会受到工程需求的驱动，且离不开各组织间的支持与协同。

（1）工程需求与建设工程创新行为。通过剖析 X 磁浮轨道交通工程案例与 Y 铁路工程案例，发现不同工程所呈现的工程需求和难题是不同的，却都能激发建设工程创新行为。例如 X 磁浮轨道交通工程针对标准空白、精度要求高、道岔开发及测速定位难等工程难点问题进行工程创新，形成桥梁、低置线路、车站结构、磁浮轨排、道岔、供电轨等关键设备设施的生产与施工工艺，以及车轨耦合规律及其联调技术。Y 铁路工程是围绕“多年冻土、高寒缺氧、生态脆弱”三大工程难题开展技术创新活动，最终形成了具有我国高原铁路技术的标准体系。

为此预设命题一：工程需求对建设工程创新行为具有驱动作用。

（2）建设工程项目组织间关系与建设工程创新行为。通过对比 X 磁浮轨道交通工程案例与 Y 铁路工程案例的组织协调模式，发现 X 磁浮轨道交通工程是建立以总包单位为核心的科技创新领导小组。小组成员来自其他组织的领导成员，代表创新组织，形成良好的合作与商业关系，以协调建设工程创新活动；Y 铁路工程则是成立以建设单位为核心的 Y 铁路试验工程现场协调组。基于各组织间的隶属关系、合作关系，推进 Y 铁路工程技术创新。两个不同核心的科技创新领导小组及协调小组都在工程需求对建设工程创新行为中具有积极的影响。

为此预设命题二：组织间关系在工程需求对建设工程创新行为的重要驱动作用中具有正向影响。

4.2 理论假设

理论假设是构建基于社会关系的建设工程创新行为影响机理概念模型的另一重要支撑。且鉴于案例本身被挖掘有用信息的限制，提出的预设问题仅从工程需求、组织间关系视角分析其对建设工程创新的影响，未能完全解释基于社会关系的建设工程创新行为影响机理。为此，通过文献研究，结合学术界的基本观点，进一步分析工程需求、社会关系（人际关系与组织间关系）、知识共享及创新行为等潜在变量之间的关系，提出理论假设，为机理概念模型的构建提供理论支撑。

4.2.1 工程需求与创新行为

从创新动力学说中不难发现，需求引领创新。市场需求或工程需求是工程创新的原动力。从项目层面来看，满足工程预期目标是工程建设的最终目的；解决工程难题是建设工程创新的直接动力。例如，杨佩昌（2017）通过对德国制造的研究，发现德国制造能够长期处于行业领先的秘诀在于它的每次创新都是为满足业主需求而进行。高文军等（2016）认为在进行制造业服务创新时必须以客户需求为导向。从工程建设过程来看，建设工程参建个体创新行为同样受到来自工作挑战性、工程难题等工程需求的影响。刘顺忠（2011）研究发现，客户需求能够通过工作挑战性等中介变量对个体创新行为产生正向影响。张镇森（2014）基于文献研究指出工程需求是建设工程创新的关键影响因素，强调工程复杂环境促使工程需求的产生。郑俊巍等（2017）则通过实证研究，证明工程需求通过领导风格的中介变量影响个体的创新行为。基于此，提出以下假设：

H1：工程需求正向影响建设工程创新行为。H1a：工程难题正向影响建设工程创新行为；H1b：预期目标正向影响建设工程创新行为。

4.2.2 社会关系与创新行为

建设工程创新活动是以业主或总承包单位为主导，设计单位、科研机构、施工单位、政府、高校等多个相关单位所派出的技术骨干或创新管理人员技术创新与协同过程，其中所涉及的社会关系是复杂的。既包含建设工程创新不同参建组织中个体间的人际关系，又涉及个体所属不同组织间关系。在分析社会关系与创新行为间的关系时，分别从人际关系与创新行为、组织间关系与创新行为两个方面进行剖析。旨在形成社会关系与建设工程创新行为间的完整假设。

1. 人际关系与创新行为

关系常被看作通过高质量的社会活动和互惠的利益交换，而形成的个人或组织间亲密的联系（Kipnis A. B.，1997）。人际关系是一个复杂的概念，主要是指人类在共同的劳作、生活、学习等活动中互动而形成的，或基于其他需求而形成的各种关系的总称。包括认可、信任、社会交换与互惠、社会地位等（Zhang M. J. et al.，2018）。乐国安等（2002）提出，人际关系是在人与人的交流、交往中产生的。其形成依赖于现实社会各式各样的人与人之间的实际活动，并表现为人与人之间的心理联系（包括认可、信任、亲密等）以及相应的外在行为表现。陆攀（2004）从广义和狭义两个方面将人际关系定义进一步拓展，丰富了人际关系的内涵。广义的人际关系是指处于现实社会中的人与人之间形成的各种关系。包括政治关系、社会关系、经济关系、文化关系、心理关系等；而狭义的人际关系指的是人们在交往活动中所产生的心理关系。从人际关系复杂多样性看，在建设工程创新活动中各创新个体间可能存在老乡、校友及同事等具有普遍性的人际间的“标签”关系（刘诚等，2012），很难从表面上衡量这些“标签”关系的实际作用。例如，同事间、老乡间的不信任、校友间的竞争等负面效应是这些人际间的“标签”关系客观存在的。

综合以上对人际关系的界定，本书从社会行动者心理联系的视角出发，合理避开建设工程创新活动中人际间“标签”关系的负面效应。认为人际关系是个体间的心理关系，涵盖认可关系、信任关系及亲密关系等。其中，认可关系是基于社会行动者对彼此的能力及综合素质认可的基础上所产生的关系，是人际关系深入发展的前提；信任关系则强调社会行动者间相互信任，彼此坦诚相待；亲密关系是认可关系与信任关系的进一步升华，支撑社会行动者间的紧密联系与合作。

此外，人际关系被广泛认为是企业的无形资产。有助于企业获得异质资源，保持竞争优势（Zhang Y. et al.，2006）。许多学者也强调人际关系是创新的关键因素。例如，在分析企业创新时，阿里巴斯等（Arribas et al.，2013）指出关系作为一种社会资本，对创新及其绩效产生更深影响。王和陈（Wang and Chen，2018）发现人际关系越密切，个人就越愿意分享创新思想有助于创新方案的形成，乃至创新思想转化为创新成果。崔楠等（Nan Cui et al.，2013）指出关系会促使企业外部人员共享关键资源和信息，有利于提高企业绩效和创新成果。总之，人际关系能促进合作企业个体间的频繁互动，使他们更愿意创造和分享新的想法，从而激发个体创新行为。因此，本书认为在建设工程创新活动中人际关系和创新行为之间也存在正相关作用。并提出如下假设：

H2：人际关系对建设工程创新行为有积极影响。H2a：认可关系对建设工程创新行为有积极影响；H2b：信任关系对建设工程创新行为有积极影响；H2c：亲密关系对建设工程创新行为有积极影响。

2. 组织间关系在工程需求与创新行为间的调节作用

组织间关系是基于两个及以上组织间的频繁互动所建立（Ritter T. et al.，2003）。通常被认为是组织间发生持续的交易与联系（He W.，2017）。从异质性资源视角来看，组织间关系有利于组织获取异质性资源，提升各自的市场竞争优势（Mellewigt T. A. et al.，2007；Madhok A. S. et al.，1998）。从交易成本理论来看，企业通过组织间的关系以及其社会网络关系，减少市场交易过程中的成本，提升企业利润（Brouthers K. D. et al.，2000）。

基于第2章2.4.2节中组织间关系的文献综述与建筑业市场组织间关系的基本情境，认为在建设工程创新活动中的组织间关系是各参建组织在以往或当下通过建设工程创新活动开展频繁联系中所形成的，具体包括合作关系、商业关系和隶属关系。合作关系是以工程需求为驱动，企业组织在以往合作经历的基础上，为实现共同建设工程技术创新目标而采取的风险共担、资源共享的合作关系。其实质是工程需求导向下各组织间的伙伴关系（李自杰等，2010）。更有利于促使跨组织的创新资源的传递和信息交换，增大共同解决工程难题的可能性。商业关系是企业组织间基于商业目的，以正式契约为核心，所形成的协作关系（钱育新，2012）。各参建组织间通过正式契约的签订，明确各创新主体的职责所在与预期成果，降低各创新主体角色的模糊性及存在的意见分歧，提高技术创新效率。隶属关系是中国情境下建设工程技术创新组织间存在的独特关系，体现于下属公司与上级公司的隶属关系。如中国高铁技术创新网络中存在中国中铁与旗下公司的隶属关系（周川云等，2017）。京沪高铁阳澄湖桥段的深水爆破技术创新网络中的节点企业中铁四局、中铁大桥局及中铁二院，都隶属于中国中铁股份有限公司（刘亚静等，2015）。而隶属关系有利于增强企业合作深度，整合创新资源，优化专有资产使用，鼓励成员间的资源共享行为，提升创新资源转化率。因此，组织间关系在工程需求影响建设工程创新行为中，通过加强各参建组织间对创新需求的响应，整合各类创新资源正向调节工程需求对创新行为的影响。从而提出如下假设：

H3：组织间关系正向调节工程需求对建设工程创新行为的影响。H3a：组织间合作关系正向调节工程需求对建设工程创新行为的影响；H3b：组织间商业关系正向调节工程需求对建设工程创新行为的影响；H3c：组织间隶属关系正向调节工程需求对建设工程创新行为的影响。

4.2.3 社会关系与知识共享

1. 人际关系与知识共享

众所周知，知识共享是一种从个人、团体或组织中进行不同层面知识交流的活动。在本书中，知识共享是指个人层面上的知识交流活动，并侧重于跨组织间知识的收集、交换和扩散（Wang Z. et al.，2012）。知识共享行为本质上可被视为一种非制度性的安排，不是因直接的经济激励而发生（Allameh S. M.，2018），而是基于个人的自我满足以及与他人的和谐关系所激发的。且知识共享行为并不是自发的，人际关系将在个体间知识共享中发挥至关重要的作用。王等（Wang et al.，2012）指出，在中国台湾的高科技产业中人际关系对知识共享产生积极影响。强调高质量的人际关系能塑造员工分享、交换知识的意图。同样，曹和祥（Cao and Xiang，2012）也主张，关系是知识治理与知识共享之间的桥梁。强调企业应当营造和谐宽松的氛围，以增强人际关系的积极影响。因此，在这些研究成果的基础上，提出如下假设：

H4：人际关系正向影响建设工程创新过程中的知识共享。H4a：认可关系正向影响建设工程创新过程中的知识共享；H4b：信任关系正向影响建设工程创新过程中的知识共享；H4c：亲密关系正向影响建设工程创新过程中的知识共享。

2. 组织间关系在人际关系与知识共享间的调节作用

组织间关系涉及合作关系、商业关系及隶属关系等。组织间的合作关系给建设工程创新个体间带来一种熟悉的老伙伴关系，有助于加深个体间人际关系网络的密度和强度，让创新个体更愿意跟“老朋友”彼此分享以往的创新经验与知识；组织间的商业关系以正式契约签订为契机，搭建商业合作的平台，提供更多彼此交流的机会，助力于个体间人际关系的培养，进一步提高个体间知识共享的程度；组织间的隶属关系让不同组织间个体在相同组织文化影响下，找到认同感，彼此间的关系更为熟悉。例如中国中铁股份有限公司及属下的各子公司，秉承“创新创效、优质发展”的企业文化影响，加深彼此的认同感。为此，所属于母公司与各子公司的不同个体在建设工程创新活动过程中，降低了彼此间分享核心知识的顾虑，更容易实现建设工程创新活动所涉及的关键知识的共享，提升彼此创新效率。综上分析，提出如下假设：

H5：组织间关系正向调节人际关系对知识共享的影响。H5a：组织间合作关系正向调节人际关系对创新个体知识共享的影响；H5b：组织间商业关系正向调节人际关系对创新个体知识共享的影响；H5c：组织间隶属关系正向调节人际关系对创新个体知识共享的影响。

4.2.4　知识共享与创新行为

鉴于建设工程创新是一种多主体协作创新行为（Ozorhon B.，2013），在复杂建设工程项目中个体创新行为需要来自不同专业技术人员的知识协作。从这个角度来看，知识共享是实现建设工程创新的有效途径，而且个体利用和吸收知识的能力也决定建设工程创新水平（Wang Z. et al.，2012）。根据社会交换理论，知识共享可以被视为一种社会交换行为（G. W. Kim，2002），涉及不同个体之间的知识交流。他们共同利用这些知识来解决新问题，改善决策过程，实现创新任务（Wang H. K. et al.，2015）。总体而言，个体愿意与外部和内部成员进行知识分享（Markovic S. M.，2018），将有助于促进其开展创新活动。此外，许多学者对知识共享与创新行为间的联系有浓厚研究兴趣。例如，阿布扎伊德和成（Abou-Zeid and Cheng，2004）认为创新两个层面（即面向事物和面向过程）都与知识管理正相关，尤其是与知识交流和共享正相关。斯旺（Swan，2007）同样分析了知识管理如何基于不同生产过程促进创新。王长峰和胡启英（2017）认为在供应链网络中，知识共享在创新活动对创新绩效过程中起到部分中介作用。并指出企业只有积极分享更多的知识，才可能有更多机会参与企业间高绩效的合作创新。显然，现有研究已证实知识共享与创新存在一定关系。且刘静（2008）依据知识有显性与隐性之分的思路，将知识共享分为显性与隐性知识共享两大类。为此，提出以下假设：

H6：知识共享对建设工程创新行为有积极的影响。H6a：显性知识共享对建设工程创新行为有积极的影响；H6b：隐性知识共享对建设工程创新行为有积极的影响。

此外，若 H2、H4、H6 成立，则知识共享将成为人际关系和创新行为之间的中介变量。从而提出假设 H7。

H7：知识共享在人际关系对创新行为的影响中具有中介作用。H7a：显性知识共享在人际关系对建设工程创新行为的影响中起着中介作用；H7b：隐性知识共享在人际关系对建设工程创新行为的影响中起着中介作用。

综上所述，将上述研究假设汇总如表 4－1 所示。

表 4－1　研究假设汇总

序号	研究假设内容
H1	工程需求正向影响建设工程创新行为
	H1a 工程难题正向影响建设工程创新行为
	H1b 预期目标正向影响建设工程创新行为
H2	人际关系对建设工程创新行为有积极影响
	H2a 认可关系对建设工程创新行为有积极影响
	H2b 信任关系对建设工程创新行为有积极影响
	H2c 亲密关系对建设工程创新行为有积极影响
H3	组织间关系正向调节工程需求对建设工程创新行为的影响
	H3a 组织间合作关系正向调节工程需求对建设工程创新行为的影响
	H3b 组织间商业关系正向调节工程需求对建设工程创新行为的影响
	H3c 组织间隶属关系正向调节工程需求对建设工程创新行为的影响

续表

序号	研究假设内容
H4	人际关系正向影响建设工程创新过程中的知识共享
	H4a 认可关系正向影响建设工程创新过程中的知识共享
	H4b 信任关系正向影响建设工程创新过程中的知识共享
	H4c 亲密关系正向影响建设工程创新过程中的知识共享
H5	组织间关系正向调节人际关系对创新个体知识共享的影响
	H5a 组织间合作关系正向调节人际关系对创新个体知识共享的影响
	H5b 组织间商业关系正向调节人际关系对创新个体知识共享的影响
	H5c 组织间隶属关系正向调节人际关系对创新个体知识共享的影响
H6	知识共享对建设工程创新行为有积极的影响
	H6a 显性知识共享对建设工程创新行为有积极的影响
	H6b 隐性知识共享对建设工程创新行为有积极的影响
H7	知识共享在人际关系对建设工程创新行为的影响中起着中介作用
	H7a 显性知识共享在人际关系对建设工程创新行为的影响中起着中介作用
	H7b 隐性知识共享在人际关系对建设工程创新行为的影响中起着中介作用

4.3　影响机理模型构建

通过双案例剖析，明晰工程需求是建设工程创新的主要动力，并指出组织间的协调作用。强调组织间协同受组织间的关系所控制，提出组织间关系在工程需求与建设工程创新行为中起到积极的影响作用。结合文献研究，提出工程需求、人际关系分别与建设工程创新行为的关系，知识共享的中介效应以及组织间关系的调节效应等假设。为此，基于案例分析与理论假设，构建本书影响机理概念模型（如图4－1所示）。该模型将社会关系分成人际关系与组织间关系两个维度进行分析。强调工程需求对建设工程创新行为的直接驱动作用，进一步提出人际关系对建设工程创新行为的直接影响，通过个体知识共享的中介变量对建设工程创新行为的间接影响，以及组织间关系在其中所发挥的调节效应，分别调节工程需求对建设工程创新行为的影响和人际关系对个体知识共享的影响。

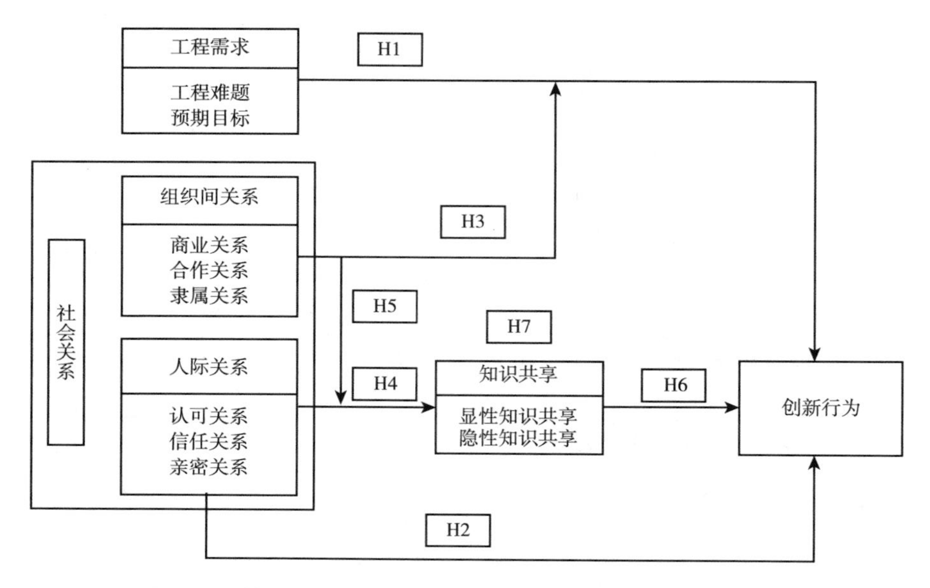

图 4-1　基于社会关系的建设工程创新行为影响机理概念模型

4.4　本章小结

本章主要是通过案例研究与理论假设分析方法，构建基于社会关系的建设工程创新行为影响机理概念模型。在案例研究过程中，通过案例研究方法选择，选取 X 磁浮轨道交通工程案例和 Y 铁路工程案例，收集、整理相关数据，深入剖析该两则案例，并提炼预设命题一（工程需求对建设工程创新行为的驱动作用）和预设命题二（组织间关系在工程需求对建设工程创新行为的重要驱动作用中具有正向影响）。再基于理论文献的分析，进一步提出社会关系对建设工程创新行为影响的相关理论假设。如工程需求正向影响建设工程创新行为；人际关系对建设工程创新行为有积极影响；知识共享在人际关系对创新行为的影响中起着中介作用；组织间关系分别在工程需求对创新行为影响，以及人际关系对知识共享影响中起到调节作用等。最后，综合案例分析结论与理论假设，构建基于社会关系的建设工程创新行为影响机理概念模型，为后文的实证研究奠定基础。

第5章　实证设计

实证设计是实证检验的前提。基于扎根理论，从实际调研和文献研究中提炼潜在变量测量量表，作为问卷调查的重要组成部分。遵循问卷设计原则，合理设计调查问卷的基本内容，通过多渠道向参与建设工程创新活动的技术人员、中高级管理人员等发放问卷并及时收集。最后，分析实证检验涉及信度检验、效度分析及假设关系检验等过程，介绍实证检验过程中使用的主要方法，为第6章的实证检验提供方法论基础。

5.1　基于扎根理论的潜在变量量表提炼

5.1.1　扎根理论概述

扎根理论是以研究问题为导向，利用实地调研和文献调研的方式，获得原始资料库，并从中归纳、提炼概念范畴的一种自下而上的质性研究方法（范炳慧等，2015）。最早是由加尔瑟和施特劳斯（Galsser and Strauss，1967）提出的。强调通过逻辑推演、归纳总结等方式，从大量资料库中提炼核心概念的理论构建过程。扎根理论也是通过持续的认知与对比，对研究者所探究问题的三级编码（开放式编码、主轴式编码和选择性编码）进行递进归纳、循序推导、不断完善的过程。鉴于其实施过程是由烦琐到简单、逐层级编码，再分门别类、形成核心概念或范畴，从而能科学合理地降低研究问题的复杂程度，呈现多元化的研究主题，有助于萃取核心主题内容与结构。

因此，该研究方式常被视为探索未知研究主题或理论的有效途径。通过广泛的理论与实践数据网络所呈现出来的有规律的研究主题路径，窥探、剖析研究主题的基本内涵与范式，以合理构建普遍性与科学性的理论范畴。扎根理论的数据来源是通过文献研究和现场调研的方式所收集的海量资料，并对所获取的与研究主题相关的观点表达和理论范式，利用表格的形式对其进行罗列、归整及编码。挖掘资料文本中含有的与研究主题相关的基本要素，高度凝练与呈现出来，形成系统、全面的理论认知，进而完成整个理论研究内容与结构的提炼。

5.1.2 潜在变量量表提炼过程

1. 量表数据的来源

为了提高理论研究的可靠度，全面收集研究主题的相关资料，进行广泛的理论抽样与全面的项目调研。基于对中外数据库中海量文献的广泛阅览，抽取与社会关系、创新行为等主题相关的重点文献进行深入阅读。并逐一进行摘录、编码及分析，完成对研究主题的初步理论认知；再基于项目调研，通过组织研讨会的形式，聚集理论界与实践界的各位专家，记录专家们对建设工程创新的相关发言，将其内隐化的缄默知识外显化，提高研究的可信度及质量。

2. 量表数据的三级编码

（1）开放式编码是扎根理论三级编码中的一级编码。要求研究者以开放的理念，全面收集原始资料，从中发现概念类属，并加以命名的过程。为此，本书基于文献研究与项目调研，进行原始资料的全面收集。并通过概念化的方式整理原始资料记录中的关键数据信息，以挖掘各潜在变量的基本概念，明晰其范畴属性及结构维度，完成潜在变量开放式编码的提炼。

①工程需求。在建设工程创新驱动过程中，工程需求是建设工程创新的直接动力。基于项目调研与国内外文献研究，挖掘出10个概念，再归类其范畴属性。主要表现为工程复杂环境、工程技术难点、工程管理问题、技术创新目标、工程建设目标、企业发展目标等6个范畴属性（见表5－1）。

表5-1 工程需求开放式编码分析

<table>
<tr><th rowspan="2">原始资料记录</th><th rowspan="2">资料来源</th><th colspan="2">开放式编码</th></tr>
<tr><th>概念化</th><th>范畴属性</th></tr>
<tr><td rowspan="6">建设工程产品复杂性及其地质环境的复杂化对建设工程施工技术提出挑战，如铁路工程的冻土地质条件；建设工程中存在的技术难点激发工艺、工法的创新，如施工精度要求高、道岔开发及测速定位难等技术难点；工程管理模式转变，如铁路工程项目法人制创立，工程管理制度创建</td><td rowspan="6">何继善等（2017）；
仇一颗（2013）；
孙永福等（2016a，2016b）；
张镇森（2014）；
项目研讨会</td><td>a01 工程复杂特性</td><td rowspan="2">A01 工程复杂环境</td></tr>
<tr><td>a02 工程地质环境复杂</td></tr>
<tr><td>a03 工艺极其复杂</td><td rowspan="2">A02 工程技术难点</td></tr>
<tr><td>a04 工法亟须创新</td></tr>
<tr><td>a05 工程管理制度创建</td><td rowspan="2">A03 工程管理问题</td></tr>
<tr><td>a06 工程管理模式转变</td></tr>
<tr><td rowspan="4">新技术、新设备的开发，占领技术高地；在建设工程施工过程中，通过工程技术与管理的创新，确保工程建设目标（质量、安全、进度、成本等目标）的完成，追求企业发展目标</td><td rowspan="4">仇一颗（2013）；
《青藏铁路》编写委员会（2016）；
张镇森（2014）；
项目研讨会</td><td>a07 新技术开发</td><td rowspan="2">A04 技术创新目标</td></tr>
<tr><td>a08 新设备研发</td></tr>
<tr><td>a09 工程进度、成本、质量、安全及环境目标</td><td>A05 工程建设目标</td></tr>
<tr><td>a10 业主、设计单位等各相关单位发展目标</td><td>A06 企业发展目标</td></tr>
</table>

②人际关系可被视为影响建设工程创新的关键因素，对建设工程个体间协同创新具有显著影响。在建设工程创新活动中，人际关系有助于加强创新个体间信任与互动，促进创新活动的协同。基于文献研究发现，学术界对人际关系量表通常基于自评和互评的视角进行测量。自评视角是测试对象对自身人际关系的主观评价。成熟、典型的量表有得克萨斯社交行为问卷（TSBI）（Helmreich R. et al.，1974）；互评视角则是衡量具有一定联系的群体内部各成员之间的人际关系。其较为常用的测量方法是莫雷诺（J. L. Moreno，1934）的社会测量法（姜碧芸，2011）。本书基于自评和互评的视角，综合项目调研的结果，挖掘出9个概念，再归类其范畴属性。主要表现为成绩认可、意见采纳、自由交换意见、彼此坦诚、亲密合作、联系紧密等6个范畴属性（见表5-2）。

表 5 – 2　　人际关系开放式编码分析

原始资料记录	来源出处	开放式编码	
		概念化	范畴属性
建设工程创新活动中我与其他成员常肯定对方所做的成绩，看到对方的能力并认可；我的意见经常被其他创新人员所采纳，主动完善对方意见乃至让大家接受	李鹏等（2016）；项目研讨会	a11 肯定彼此成绩	A07 成绩认可
		a12 认可彼此能力	
		a13 意见被采纳、接受	A08 意见采纳
建设工程创新活动中我与其他成员可以自由地交换个人看法与建议；我与其他成员经常彼此不猜忌，能坦诚相待	庄贵军等（2008）；项目研讨会	a14 自由交换看法与建议	A09 自由交换意见
		a15 彼此坦诚相待	
		a16 彼此不猜忌	A10 彼此坦诚
建设工程创新活动中我和其他成员间经常合作，彼此间存在亲密的沟通；我和其他成员间联系紧密	李鹏等（2016）；项目研讨会	a17 经常合作	A11 亲密合作
		a18 亲密沟通	
		a19 联系紧密	A12 联系紧密

③组织间关系。基于创新资源获取的视角，创新主体间因资源优势互补而寻求相互合作；创新主体则通过发展组织间关系来获取创新资源。学术界关于对组织间关系量表的研究，诸多倾向于从组织间的合作伙伴关系、战略联盟关系、隶属关系等方面来界定。本书基于文献研究与项目调研，挖掘出 8 个概念，再归类其范畴属性。主要表现为合作经历、伙伴关系、战略联盟关系、正式合同关系、企业隶属关系等 5 个范畴属性（见表 5 – 3）。

表 5 – 3　　组织间关系开放式编码分析

原始资料记录	来源出处	开放式编码	
		概念化	范畴属性
在建设工程创新过程，本创新主体与其他创新主体有以往的合作经历，组织间交往密切；本单位与其他单位间存在合作伙伴关系	李自杰等（2010）；项目研讨会	a20 组织间以往有合作	A13 合作经历
		a21 组织间交往密切	
		a22 组织间合作伙伴关系	A14 伙伴关系

续表

原始资料记录	来源出处	开放式编码	
		概念化	范畴属性
在建设工程创新过程，本创新主体与其他创新主体达成战略联盟意向、签订创新战略协议，形成创新战略联盟关系；本创新主体与其他创新主体存在正式合同关系	周川云等（2017）；项目研讨会	a23 达成战略意向	A15 战略联盟关系
		a24 签订战略协议	
		a25 签订正式合同	A16 正式合同关系
在建设工程创新过程，本创新主体与其他创新主体存在企业隶属关系，如中国高铁技术创新网络中存在中国中铁与旗下公司的隶属关系，京沪高铁阳澄湖桥段的深水爆破技术创新网络中节点企业中铁四局、中铁大桥局及中铁二院都是隶属于中国中铁股份有限公司	刘亚静等（2015）；项目研讨会	a26 行政隶属 a27 子、母公司隶属	A17 企业隶属关系

④知识共享。知识是创新活动中的关键要素。知识共享有助于不同专业的创新个体获得异质性知识，提升建设工程创新个体创新能力。针对知识共享的测量量表，通过研读大量文献，发现学术界已有丰富的研究成果。达纳拉吉等（Dhanaraj et al.，2004）从企业层面将知识共享分为显性知识共享与隐性知识共享，并对企业显性与隐性知识共享作了进一步阐述。其中，显性知识共享体现在书面技术知识、管理知识及流程手册等；隐性知识共享表现在新营销技能、国外企业文化及管理技巧等。刘静（2008）依据知识有显性与隐性之分的思路，将知识共享分显性与隐性知识共享 2 个维度进行测量。本书基于学术研究与项目调研的结果，挖掘出 10 个概念，再归类其范畴属性。主要表现公开刊物、工作文档、非正式交流、正式会议、培训与学习等 5 个范畴属性（见表 5－4）。

⑤创新行为。创新行为是建设工程创新活动的核心。关于创新行为的测量，学术界已经有较为成熟的测量量表。坎特（Kanter，1988）认为创新包括三个阶段：基于问题认知的新构想产生、寻求他人对新构想的支持、新构

想的实施与推广。斯科特和布鲁斯（Scott and Bruce，1994）在此3阶段的基础上，设计研发部门员工的创新行为调查问卷，开发涉及6个题项的创新行为测量量表。克莱森和斯特里特（Kleysen and Street，2001）将创新行为进一步细化与分析，形成了包含寻找机会、产生想法、形成调查、支持和应用等5个维度，并开发相应的测量量表。但其效度不理想。甚至有学者黄致凯（2004）基于中国台湾的实证研究，在克莱森和斯特里特（Kleysen and Street）的5维测量量表的基础上，证明仅存在创新构想产生和执行的2个维度。为此，基于上述学者们的测量思路，再结合现场调研的结果，挖掘出13个概念，再归类其范畴属性。主要表现创新性思维、新想法产生、新方案提出、推销新想法、争取创新资源、寻求他人认可、创意实行计划、创新实行策略等8个范畴属性（见表5-5）。

表5-4　　　　知识共享开放式编码分析

<table>
<tr><th rowspan="2">原始资料记录</th><th rowspan="2">来源出处</th><th colspan="2">开放式编码</th></tr>
<tr><th>概念化</th><th>范畴属性</th></tr>
<tr><td rowspan="4">在建设工程创新中，我主动向其他创新个体推荐与创新相关的期刊论文、著作和发明专利进行学习；我主动向其他创新个体推荐与建设工程创新有关的工作文档</td><td rowspan="4">刘静（2008）；项目研讨会</td><td>a28 公开论文</td><td rowspan="2">A18 公开刊物</td></tr>
<tr><td>a29 著作</td></tr>
<tr><td>a30 发明专利</td><td rowspan="2">A19 工作文档</td></tr>
<tr><td>a31 工作文档</td></tr>
<tr><td rowspan="6">在建设工程创新中，我与其他创新个体通过电话或者网络通信工具（如微信、QQ等）讨论、相互交流工作问题，或在项目餐厅、聚会等非办公场所分享工作经验；我与其他创新个体参与工作报告会、经验交流会、项目研讨会等正式集体活动，并在会议上表达自己的观点和思想、提出方案并参与讨论；我与其他创新个体参加培训或讲座等学习活动</td><td rowspan="6">刘静（2008）；项目研讨会</td><td>a32 电话及网络通信工具交流</td><td rowspan="2">A20 非正式交流</td></tr>
<tr><td>a33 非办公场所当面交流</td></tr>
<tr><td>a34 工作报告会</td><td rowspan="3">A21 正式会议</td></tr>
<tr><td>a35 经验交流会</td></tr>
<tr><td>a36 项目研讨会</td></tr>
<tr><td>a37 培训与学习</td><td>A22 培训与学习</td></tr>
</table>

表5－5 个体创新行为

原始资料记录	来源出处	开放式编码	
		概念化	范畴属性
在日常工作中，我思维严谨、发散、敏捷，具有原创性、理论拓展性思考；面对工程问题，我在工作中时常会产生新的想法或新的解决问题的办法；我尽力尝试提出新方案	坎特；克莱森和斯特里特（Kanter，1998；Kleysen and Street，2001）	a38 原创性思考	A23 创新性思维
		a39 理论拓展性思考	
		a40 新想法提出	A24 新想法产生
		a41 解决问题的新办法	
		a42 提出新方案	A25 新方案提出
在建设工程创新过程中，我与其他成员或领导分享、推销新想法或方案；为实现我的新构想或创意，我会想办法争取所需创新资源；寻求他人对我的创新想法或方案的支持		a43 分享新想法	A26 推销新想法
		a44 推销新方案	
		a45 争取创新资源	A27 争取创新资源
		a46 寻求他人对创新想法的认可	A28 寻求他人认可
		a47 寻求他人对创新方案的支持	
我主动制定合理创新规划来落实我的创新构想；为了实现其他成员的创新性构想，我经常会献计献策		a48 创新实施规划	A29 创意实行计划
		a49 创意执行计划	
		a50 创新实施策略	A30 创新实行策略

（2）主轴式编码。主轴式编码的核心任务是总结、提炼概念属性类别间的联系，以揭示开放式编码中各概念属性间的关联性。基于开放式编码分析，得到工程难题、预期目标、认可关系、信任关系、亲密关系、组织间合作关系、组织间商业关系、组织间隶属关系、显性知识共享、隐性知识共享、构想产生、寻求支持、创意实行等13个关联范畴，5个主范畴（见表5－6）。

表5－6 主轴式编码提取范畴类别

编码范畴属性	关联范畴	主范畴
A01 工程复杂环境	B01 工程难题	工程需求
A02 工程技术难点		
A03 工程管理问题		
A04 技术创新目标	B02 预期目标	
A05 工程建设目标		
A06 企业发展目标		

续表

编码范畴属性	关联范畴	主范畴
A7 成绩认可	B03 认可关系	人际关系
A8 意见采纳		
A9 自由交换意见	B04 信任关系	
A10 彼此坦诚		
A11 合作亲密	B05 亲密关系	
A12 联系紧密		
A13 合作经历	B06 组织间合作关系	组织间关系
A14 伙伴关系		
A15 战略联盟关系	B07 组织间商业关系	
A16 正式合同关系		
A17 企业隶属关系	B08 组织间隶属关系	
A18 公开刊物	B09 显性知识共享	知识共享
A19 工作文档		
A20 非正式交流	B10 隐性知识共享	
A21 正式会议		
A22 培训与学习		
A23 创新性思维	B11 构想产生	创新行为
A24 新想法产生		
A25 新方案提出		
A26 推销新想法	B12 寻求支持	
A27 争取创新资源		
A28 寻求他人认可		
A29 创意实行计划	B13 创意实行	
A30 创新实行策略		

基于“现象因果与中介条件—发生脉络—行动策略与结果”的典范模型，对以上 13 个关联范畴深化分析，提炼其范畴化定义，共形成工程需求、人际关系、组织间关系、知识共享以及创新行为等 5 个主范畴。各主范畴再通过关联范畴内在逻辑的分析与解读，形成如下四条证据链。见图 5－1～图 5－5。

①工程需求主范畴形成的证据链。工程需求是建设工程创新的因果条件。建设工程实施过程中的复杂性、艰巨性以及专业性均日益增强，乃至导致工

程难题，是建设工程创新的关键。具体表现在工程环境复杂、工程技术难点、工程管理问题等3个方面。预期目标也是工程需求之一，主要通过技术创新目标、工程建设目标及企业发展目标等方面呈现出来。

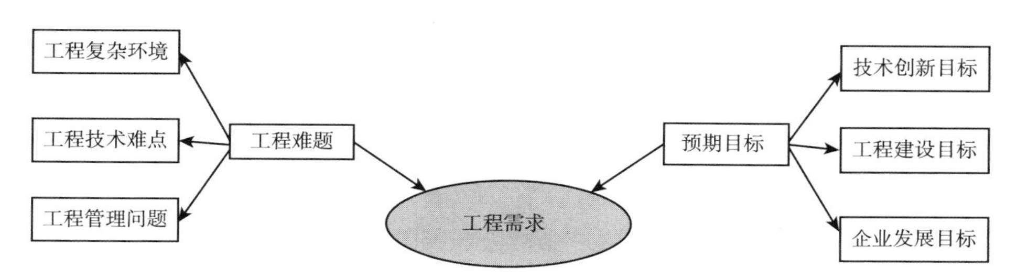

图5－1　工程需求的证据链

②人际关系主范畴形成的证据链。为实现建设工程创新目标，创新个体间进行协同创新。人际关系在此过程中具有重要影响，是建设工程创新的因果条件。其中，创新个体间的认可关系是对个体创新实力的认可与创新方案研讨中所发表意见的采纳；创新个体间的信任关系是指创新个体彼此坦诚，且能自由地交换对建设工程创新的意见与看法；创新个体间的亲密关系是创新个体在建设工程协同创新过程中的紧密联系和合作。

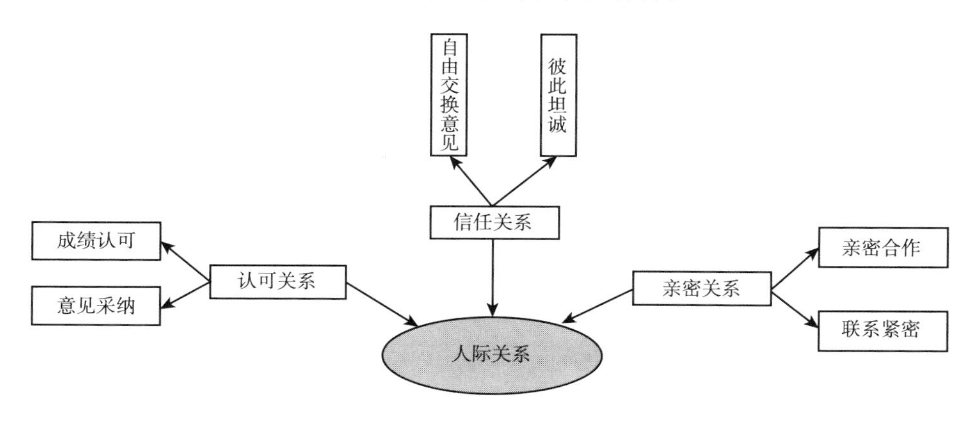

图5－2　人际关系的证据链

③组织间关系主范畴形成的证据链。建设工程创新过程中所涉及的创新主体众多。各创新主体拥有异质性的创新要素与资源。组织间关系将成为这些创新要素和资源的调节因素，且组织间关系由组织间合作关系、商业关系及隶属关系组成。合作关系是以工程需求为导向驱动。项目企业组织在以往

合作经历的基础上，为实现共同建设工程技术创新目标而采取的风险共担、资源共享的合作关系。其实质是工程需求导向下各组织间的伙伴关系。商业关系是企业组织间基于商业目的，以正式契约为核心，所形成的协作关系。隶属关系是中国情境下建设工程技术创新组织间存在的独特关系。体现于企业间隶属关系。

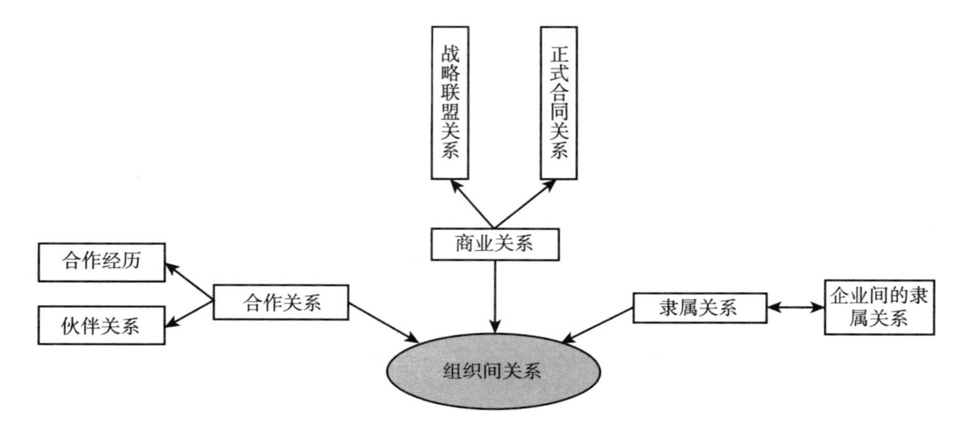

图 5－3 组织间关系的证据链

④知识共享主范畴形成的证据链。建设工程创新活动中的知识共享是建设工程创新的中介条件。基于知识分类为显性知识与隐性知识，知识共享也有显性知识共享与隐性知识共享之分。其中，显性知识是知识共享的基础。主要有期刊论文、著作和专利等公开刊物的共享以及日常工作时积累的工作文档的分享。隐性知识则是知识共享的关键。一般可通过非正式交流（电话、微信及 QQ 等）、正式会议（项目研讨会、工作报告等）以及培训与学习等途径进行隐性知识的共享。

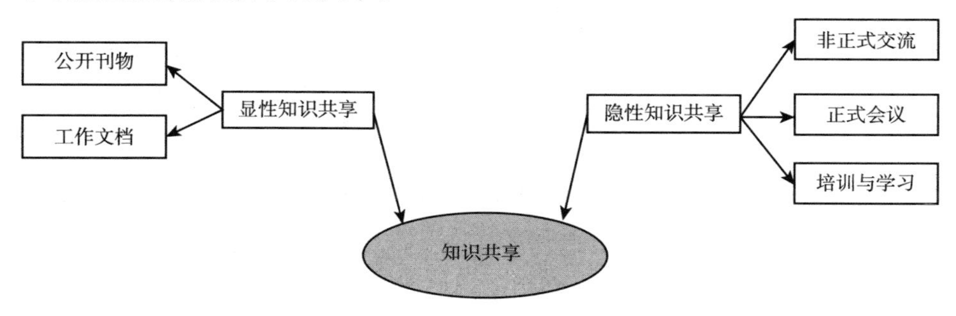

图 5－4 知识共享的证据链

⑤创新行为主范畴形成的证据链。创新行为是建设工程创新活动的结果变量。创新行为涵盖创新构想的产生、寻求创新支持及创新实行等内容。其中，创新个体具有创造性思维，能够提出新想法与方案。并向他人推销创新想法，寻求认可，争取创新资源。最后，通过创意实施计划及策略，执行创意。

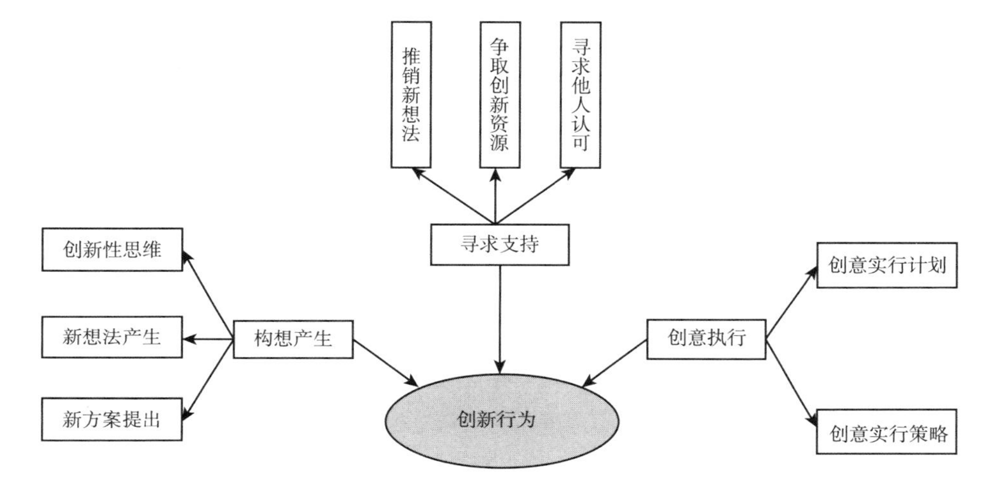

图5－5 创新行为的证据链

（3）选择式编码。选择式编码是以选择核心范畴为导向，系统梳理所提炼的所有范畴间的内部联系，并深入验证所有范畴间的关系，将有待发展完备的遗漏范畴再次补充、验证，完成整个理论推导的过程。通过完整的故事证据链条的形式呈现研究主题的全部现象，揭示所提炼的核心范畴的内在联系，发展研究主题范畴更为细微、完备的特征，以进一步完善整个理论的构建。

基于完整故事证据链的分析，提炼建设工程创新中的核心范畴，展现核心范畴的形成链条，不断回顾、审视前期收集的原始资料。并经多轮质证，确保研究理论构建的科学严谨与正确合理。最终将主轴式编码中的核心范畴进行选择与系统化梳理，形成建设工程创新核心范畴提炼的典范模型图（如图5－6所示）。该典型模型系统由主编码抽象出来的5个核心范畴的内在关联逻辑组成。工程需求是影响建设工程创新的直接动力；人际关系是影响建设工程创新的前因变量；组织间关系是建设工程创新的调节条件；知识共享是建设工程创新的中介变量；创新行为是建设工程创新的结果变量。最终实现了建设工程创新潜在变量核心范畴的提出与理论构建。

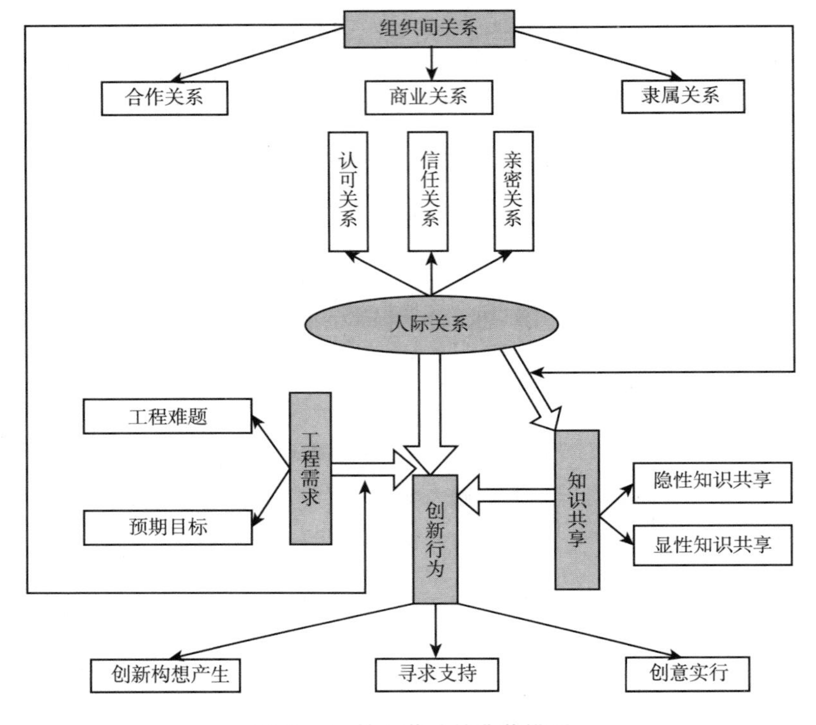

图 5－6　核心范畴的典范模型

综上所述，基于扎根理论，提炼建设工程创新潜在变量的核心范畴。其中，工程需求包括 2 个子范畴和 6 个基本概念；人际关系是由 3 个子范畴和 6 个基本概念组成；组织间关系是由 3 个子范畴和 5 个基本概念构成；知识共享由 2 个子范畴和 5 个基本概念组成；创新行为包括 3 个子范畴和 8 个基本概念。具体详细统计如表 5－7 所示。且由于表格版面限制，各子范畴的测量题项暂未列出，见附录 A。

表 5－7　　建设工程创新活动中涉及的潜在变量基本测量量表

主范畴	子范畴	基本概念
工程需求	工程难题	工程复杂环境 工程技术难点 工程管理问题
	预期目标	技术创新目标 工程建设目标 企业发展目标

续表

主范畴	子范畴	基本概念
人际关系	认可关系	成绩认可 意见采纳
	信任关系	自由交换意见 彼此坦诚
	亲密关系	合作亲密 联系紧密
组织间关系	组织间合作关系	合作经历 伙伴关系
	组织间商业关系	战略联盟关系 正式合同关系
	组织间隶属关系	企业隶属关系
知识共享	显性知识共享	公开刊物 工作文档
	隐性知识共享	非正式交流 正式会议 培训与学习
创新行为	构想产生	创新性思维 新想法产生 新方案提出
	寻求支持	推销新想法 争取创新资源 寻求他人认可
	创意实行	创意实行计划 创新实行策略

5.2 问卷设计及发放

5.2.1 问卷设计原则及内容

1. 设计原则

问卷设计是问卷调查的重要环节。问卷设计质量直接关系着问卷调查的质量。王重鸣（1990）强调在进行问卷设计时需注意问卷的构思及意图，把握问卷设计规则，明确问卷对应的格式、语句及措辞等。马庆国（2002）认为问卷设计应围绕研究目的展开，必须充分考虑调查对象的特点来设计问题。本问卷设计是在探索性分析与理论假设的基础上，利用扎根理论对研究有关潜在变量的量表进行提炼，把研究调查问卷与成熟量表相结合，不断调整及修正，力图使问卷设计更加科学、合理。并遵循以下设计原则：

（1）优先采用或借鉴国内外学术界成熟量表。鉴于学术界已有成熟量表是经过学者们仔细推敲和反复论证，并进行有关信度与效度检验而获得的研究成果，在借鉴时，不可随意删减相关题项。同时可结合实践界的项目调研和工程情境进行修正与改善。

（2）在设计问卷问题的过程中，紧扣研究主题，尽可能设置清晰明了、便于回答的题项。且各个问题之间应当存在逻辑性，尤其注意独立问题要尽量避免逻辑错误的出现。

（3）选用 Likert5 量表打分，方便回答，便于后期数据的处理与分析。且在所设计问题与备选答案中，避免出现有一定倾向性的提问，减少对问卷调查者的诱导。确保问卷设计的客观、公正，力图题项表达明确、客观与易懂。

2. 主要内容

问卷设计的核心是如何构思问卷内容与设计问卷量表。不同的研究目的与设计思路直接决定调查问卷的整体内容、结构以及量表构成。本书的调查问卷紧紧围绕社会关系如何影响建设工程创新的科学问题，涉及工程需求、组织间人际关系、知识共享及创新行为等潜在变量的内在影响，力图问卷整体布局、结构及量表能有助于实现研究目标，获取真实有效的调研数据。因此，调研问卷主要由5个部分组成：第1部分是问卷填写者的主要信息，包括性别、教育背景、工作经验及参与工程类型等；第2部分是工程需求量表，涉及11个题项；第3部分是人际关系量表，涉及6个题项；第4部分是组织间关系量表，涉及5个题项；第5部分是知识共享量表，涉及7个题项；第6部分是创新行为量表，涉及8个题项，见附录A。

5.2.2　问卷发放与收集

本书主要采用定向与随机抽样两种方式进行问卷的发放与收集。定向发放问卷，主要针对参与建设工程项目中的创新主体如经理、技术负责人与其他技术人员等；随机抽查是基于调研对象工作背景及其对调研主题了解的评估与筛选，针对建设工程一线员工、中高级管理人员等随机发放问卷，确保问卷调查具有代表性与针对性。同时采用多种方式发放问卷：第一种是利用问卷星所设计的在线问卷，通过电子邮件、微信及QQ的途径一对一发放；第二种是将问卷星设计的问卷的网址链接，通过微博账号、小木虫账号、人大经济论坛账号等网络平台持续循环发放；第三种是打印Word版本的调查问卷，在建设工程项目现场调研时发放。

总调查问卷发放260份。调研结束时共收问卷230份，问卷回收率高达88.46%。再针对所回收问卷样本进行标准化剔除。剔除标准是问卷回答中具有多处缺失项、雷同程度高、不确定选项过多等特征。最终共获取有效问卷样本数为197份，有效问卷率为85.6%。问卷来源渠道主要为手机微信及网页链接提交两种方式，其中各占43.08%、32.69%（见表5－8）。

表5－8　问卷回收情况统计

问卷样本情况		份数	占比（%）
实际发放数量		260	—
最终回收数量		230	88.46
其中	无效问卷	33	14.34
	有效问卷	197	85.60
有效问卷来源	手机微信	112	43.08
	网页链接	85	32.69

基于有效问卷，进行样本基本信息分析（如表5－9所示）。其中，应答者以男性居多；多数受教育程度为本科；工作年限多处于5年以下；大部分应答者来自工程业主与施工单位，多数参与铁路工程与公路工程，以基层管理人员和技术人员居多。

表5－9　样本信息分布

变量	选项	人数	比例（%）
性别	男	119	60.41
	女	78	39.59
学历	大专以下	2	1.02
	大专	34	17.26
	本科	92	46.70
	硕士	57	28.93
	博士及以上	12	6.09
工作年限	5年以下	99	50.25
	6～10年	63	31.98
	11～15年	24	12.18
	16～20年	8	4.06
	20年以上	3	1.52
工作单位	政府部门	11	5.58
	工程业主	51	25.89
	设计单位	23	11.68
	施工单位	49	24.87
	监理单位	5	2.54
	材料设备供应商	3	1.52
	咨询公司	12	6.09
	高校/科研机构	39	19.80
	其他	4	2.03
参与的工程类型（多选）	铁路工程	59	29.95
	公路工程	48	24.37
	房屋建筑工程	37	18.78
	桥梁工程	26	13.20
	港口工程	14	7.11
	其他	13	6.60

续表

变量	选项	人数	比例（%）
工作岗位	高管	16	8.12
	中层管理者	45	22.84
	基层管理者	63	31.98
	技术人员	52	26.40
	一般员工	21	10.66

回收的有效问卷遍布山东、湖南、安徽、浙江等省份，并收到来自北京、上海、重庆、天津4个省份的问卷回应，遍及全国近30个省份。其中，在线回收有5份问卷未识别来源，显示为“未知”。有效问卷地区分布如表5－10所示。

表5－10 回收有效问卷地区分布

序号	地区	份数	比例（%）	序号	地区	份数	比例（%）
1	山东	29	14.72	16	贵州	3	1.52
2	湖南	22	11.17	17	重庆	3	1.52
3	北京	18	9.14	18	云南	3	1.52
4	安徽	17	8.63	19	新疆	3	1.52
5	浙江	12	6.09	20	江苏	3	1.52
6	天津	12	6.09	21	宁夏	2	1.02
7	河南	11	5.58	22	内蒙古	2	1.02
8	广西	10	5.08	23	江西	2	1.02
9	上海	8	4.06	24	辽宁	2	1.02
10	山西	7	3.55	25	未知	2	1.02
11	福建	6	3.05	26	广东	1	0.51
12	四川	4	2.54	27	甘肃	1	0.51
13	陕西	4	2.03	28	海南	1	0.51
14	河北	4	2.03	29	黑龙江	1	0.51
15	湖北	3	1.52				

5.3 实证分析过程与方法

5.3.1 主要过程

实证分析是利用一系列的分析工具，对调查问卷所获得的数据进行科学验证。主要涉及信度检验、效度分析及假设检验等过程。

（1）信度检验。信度本质是指调研数据测量结果的可靠性。强调测验工具规避随机误差的影响程度。信度检验方法有重测、复本以及内部一致性信度检验等三种常见方法。本书采用内部一致性信度方法进行信度检验。它是用来测试各个题项之间的联系。主要检验的是各题项是否具有相同内容，考察量表各个内部指标之间的同质性。如若各指标之间的同质性高，则该组测量量表随机误差小。

（2）效度检验。效度检验是讨论调查问卷的方式是否有效。强调量表的开发者所采集的有关理论依据与实证证据，能够有效地测量出研究的目标构念。本书主要采用结构效度检验，以检查测量工程获取的数据结构与预期假设的构念结构间的吻合性。涉及的方法有探索性因子和验证性因子两种方法。探索性因子分析是针对测量条目结构不清晰时常用的方法；验证性因子分析是验证测量条目结构清晰背后的数据与预期的一致性。

（3）假设检验。假设检验是实证检验的主要内容。本书的假设检验主要针对基于社会关系的建设工程创新行为影响机理模型的检验。分别检验人际关系和工程需求对建设工程项目参与人员创新行为的主效应分析，知识共享的中介效应以及组织间关系的调节效应等假设检验。涉及回归分析、结构方程模型等主要方法。

5.3.2 核心方法

（1）回归分析。回归分析是统计分析的常用方法之一。通过单个或多个潜在自变量预测或解释某个因变量。旨在分析客观事物间相互关系，已被广泛用于经济管理现象潜在变量间相关性与影响因素的研究。为全面揭示管理学中潜在变量的复杂关系，构建了多元回归模型。逐步评估各自变量对因变量影响的程度，有助于指导预测与决策。多元回归模型构建的基本思路是在初始规模模型的基础上，先加入性别、年龄及教育背景等基本属性变量，判断其对因变量的影响；再通过加入其他研究变量，逐步分析后续的自变量对因变量的影响；最后分析、讨论涵盖不同变量的各模型运行结果。

（2）结构方程模型。结构方程模型，英文名为 Structural Equation Modeling，简称 SEM。是一种观察潜在变量集合间协方差的概念模型检验方法。基于调查研究所收集的数据，检验概念模型中观察变量、潜在变量及它们间的假设关系，主要原理如图 5－7 所示。

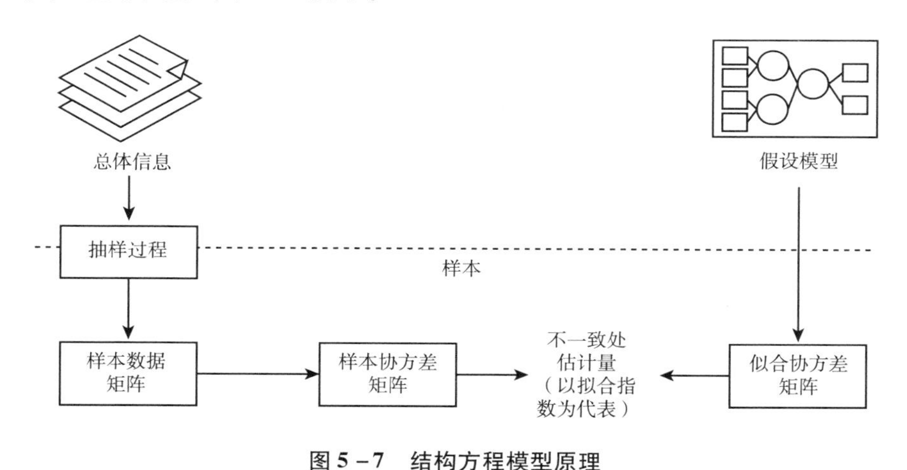

图 5－7　结构方程模型原理

样本数据源自总体信息，样本抽样过程伴有误差产生。总体数据往往是由样本数据矩阵和抽样误差矩阵所组成，基于样本数据矩阵可计算样本协方差矩阵。同时，基于概念假设模型，可形成拟合协方差矩阵，对比样本协方差与拟合协方差矩阵间的差异。通过拟合指数，代表两协方差矩阵的拟合程度，以证明概念假设模型的科学合理性。

5.4　本章小结

本章论述实证设计的主要内容。包括测量量表的提炼；调查问卷设计、发放及收集；实证过程与方法的分析等。关于测量量表的提炼，是通过理论与实践结合的方式开展的。基于扎根理论，综合国内外已有成熟量表与项目调研结果，提炼创新行为、工程需求、人际关系、组织间关系及知识共享等潜在变量的测量量表；关于调查问卷的设计、发放及收集，是基于问卷设计原则与测量量表的提炼，设计调查问卷的主要内容。利用多种渠道共发放问卷 260 份，样本遍及山东、湖南、安徽、北京、上海、重庆等近 30 个省份。应答者多数参与铁路工程、公路工程等重大建设工程项目，且以管理人员和技术人员居多；最后，分析实证过程与方法。实证过程主要有信度检验、效度分析及假设检验等内容。其中，所涉及的核心方法有回归分析、结构方程模型等，为实证检验提供方法论指导。

第6章　实证检验

依据第5章实证设计流程剖析与方法介绍，对调查问卷所收集的样本数据进行解析。检验环节主要涉及信度检验、效度分析及假设关系检验等。借助 Cronbach's Alpha 系数、因子分析、回归分析、结构方程模型等方法，检验样本的信度效度及聚合效果，以及进行基于社会关系的建设工程创新行为影响机理模型检验。

6.1　数据统计分析

6.1.1　信度分析

本问卷调查量表基于 Cronbach's Alpha 系数进行信度检验；借助 SPSS22.0 软件对调查量表进行内部一致性信度分析，详细分析结果如表6－1所示。本调查问卷测量题项总量表的 Cronbach's Alpha 系数是0.893；分量表的该系数均在0.7以上。说明本书总量表信度极佳，且分量表中各题项间内在一致性较高，能可靠地测度该5个潜在变量。

基于各分量表的信度，进一步验证分量表中各题项是否值得保留，通过“校正项目与总项相关性”CITC（corrected item-total correlation）值进行判断，且 CITC 系数值越高，表明题项间内部一致性越高。题项删除后的 Cronbach's Alpha 信度系数是用来判断某题项删除后，剩余题项间内部一致性的问题。该系数变高，则证明删除后的题项间内部一致性更好。本书各分量表具体的检测结果见表6－2。

表 6－1　　Cronbach's Alpha 信度系数分析结果

<table>
<tr><th>潜在变量</th><th>题项数</th><th>Cronbach Alpha 值
（分量表）</th><th>Cronbach Alpha 值
（总量表）</th></tr>
<tr><td>工程需求</td><td>8</td><td>0. 712</td><td rowspan="5">0. 893</td></tr>
<tr><td>人际关系</td><td>6</td><td>0. 853</td></tr>
<tr><td>组织间关系</td><td>5</td><td>0. 734</td></tr>
<tr><td>知识共享</td><td>7</td><td>0. 889</td></tr>
<tr><td>创新行为</td><td>8</td><td>0. 837</td></tr>
</table>

综合表 6－1、表 6－2，不难发现本书测量量表总体信度较高。如总量表 Cronbach's Alpha 信度系数已超过 0. 85，人际关系、工程需求、组织间关系、知识共享、创新行为等分量表的 Cronbach's Alpha 信度系数也在 0. 7 以上，且删除题项后的 Cronbach's Alpha 信度系数降低，足以说明各分量表信度较高，内部一致性较好。

表 6－2　　各分量表 CITC 系数和题项删除后 Cronbach's Alpha 信度系数检测结果

量表	题　　项	CITC 系数	题项删除后 Cronbach's Alpha 系数
工程需求	Var1 建设工程结构设计十分复杂，对当前施工工艺提出挑战	0. 867	0. 546
	Var2 建设工程地质环境极其复杂，当下设计勘探技术未能解决问题	0. 826	0. 612
	Var3 在工程建设过程中存在诸多工程技术难点问题	0. 859	0. 756
	Var4 由于建设工程具有公益性等特点，须对传统的管理模式进行创新	0. 848	0. 637
	Var5 基于建设工程项目融资模式的创新，导致工程管理模式的转变	0. 871	0. 715
	Var6 为了建设工程项目的顺利实施，项目起初就设定技术创新目标	0. 817	0. 564
	Var7 通过建设工程技术创新，顺利实现建设工期、成本、安全、质量及环境等目标	0. 829	0. 525
	Var8 通过建设工程技术创新，实现项目盈利，追求企业最大化利润	0. 876	0. 579
人际关系	Var9 在建设工程创新活动中，我与其他成员常肯定对方所做成绩	0. 849	0. 641
	Var10 在建设工程创新活动中，我的意见经常被其他创新人员所采纳	0. 861	0. 711
	Var11 建设工程创新网中我与其他成员可以自由地交换个人看法与建议	0. 911	0. 612
	Var12 建设工程创新网中我与其他成员经常彼此坦诚相待	0. 907	0. 657
	Var13 在建设工程创新活动中，我和其他成员间亲密合作	0. 912	0. 649
	Var14 在建设工程创新活动中，我和其他成员间联系紧密	0. 905	0. 639

续表

量表	题　项	CITC系数	题项删除后Cronbach's Alpha系数
组织间关系	Var15 在建设工程创新过程，本创新主体与其他创新主体有以往的合作经历，从而加强两组织间的互信	0.924	0.574
	Var16 在建设工程创新过程，本单位与其他某个单位是合作伙伴关系	0.913	0.683
	Var17 在建设工程创新过程，本创新主体与其他创新主体签订创新战略协议	0.865	0.541
	Var18 在建设工程创新过程，本创新主体与其他创新主体存在正式合同关系	0.823	0.613
	Var19 在建设工程创新过程，本创新主体与其他创新主体存在企业隶属关系	0.856	0.757
知识共享	Var20 在建设工程创新中，我主动向其他创新个体推荐与创新相关的期刊论文、著作和专利进行学习	0.847	0.638
	Var21 在建设工程创新中，我主动向其他创新个体推荐与建设工程创新有关的工作文档	0.872	0.714
	Var22 在建设工程创新中，我与其他创新个体通过电话或者网络通信工具（如微信、QQ等）讨论、相互交流工作问题	0.819	0.565
	Var23 在建设工程创新中，我与其他创新个体在项目餐厅、聚会等非办公场所分享工作经验	0.826	0.526
	Var24 在建设工程创新中，我与其他创新个体参与工作报告会、经验交流会、项目研讨会等正式集体活动	0.875	0.578
	Var25 在关于建设工程创新正式会议上表达自己的观点和思想、提出方案并参与讨论	0.843	0.524
	Var26 在建设工程创新中，我经常与其他创新个体参加培训或讲座等学习活动	0.817	0.627
创新行为	Var27 在日常工作中，我具有创新性思维	0.852	0.523
	Var28 面对工程问题，我积极思考，努力寻找新的解决办法	0.846	0.642
	Var29 面对工程问题，我尽力尝试提出新方案	0.863	0.710
	Var30 在建设工程创新过程中，我会向其他成员或领导推销新想法或方案	0.914	0.614
	Var31 在建设工程创新过程中，我积极寻求他人对我的创新想法或方案的支持	0.905	0.656

续表

量表	题　　项	CITC系数	题项删除后Cronbach's Alpha 系数
创新行为	Var32 在建设工程创新过程中为实现我的新构想或创意，我会想办法争取所需资源	0.913	0.648
	Var33 我会积极地制定适当的计划或规划来落实我的创新构想	0.904	0.637
	Var34 为了实现其他成员的创新性构想，我经常会献计献策	0.922	0.573

6.1.2 效度分析

1. 结构效度

运用索性因子与验证性因子分析方法，以检验测量量表的结构效度。探索性因子分析前，常用 KMO 值与 Bartlett 球形度检验方法，评估收集样本数据是否合适。然后再将评估后的样本数据导入 SPSS 软件中，进行探索性因子分析，获得各题项的共同因子。验证性因子分析首先是在 Amos 软件构建合适的因子模型，再将评估后的样本数据导入 Amos 软件因子模型中，通过运算各因子模型拟合度指数判断模型的优劣。常用的拟合指数有 GFI，CFI，RMSEA 等。

（1）工程需求。

①KMO 值与 Bartlett 球形检验。由第 5 章的表 5－6 可知，工程需求量表涉及 11 题项。并将对应的调查问卷所收集的样本数据导入 SPSS 软件，进行 KMO 值与 Bartlett 球形检验。检验结果见表 6－3。其中，KMO 值＝0.879，且 P＝0.000。满足显著性水平，合适因子分析。

表 6－3　　KMO 和 Bartlett 检测结果

取样足够度的 KMO 值		0.879
Bartlett 球形度检验	卡方	1 094.537
	自由度	36
	显著性	0.000

②探索性因子分析。运用主成分与最大方差等方法，计算工程需求的因

子旋转荷载矩阵，结果见表6－4。工程需求的8个测量题项收敛成2个主成分，且旋转后的各因子荷载大于0.65，结构效度区分良好。

表6－4 工程需求因子旋转载荷矩阵

测量题项	1	2	3
Var1 建设工程结构设计十分复杂，对当前施工工艺提出挑战	0.816		
Var2 建设工程地质环境极其复杂，当下设计勘探技术未能解决问题	0.874		
Var3 在工程建设过程中存在诸多工程技术难点问题	0.728		
Var4 由于建设工程具有公益性等特点，须对传统的管理模式进行创新	0.687		
Var5 基于建设工程项目融资模式的创新，导致工程管理模式的转变	0.843		
Var6 为了建设工程项目的顺利实施，项目起初就设定技术创新目标		0.689	
Var7 通过建设工程技术创新，顺利实现建设工期、成本、安全、质量及环境等目标		0.754	
Var8 通过建设工程技术创新，实现企业发展目标		0.836	

③验证性因子分析。基于以上工程需求的探索性因子分析发现，工程需求的8个测量题项形成2个主因子，归属于第5章的表5－6所提炼的工程难题、预期目标等2个子范畴。再基于主因子及测量题项，在Amos软件中分别构建不同的因子结构模型，见图6－1。再分别导入数据进行验证性因子分析，并对各因子模型的计算结果及其拟合指标统计比较，见表6－5。

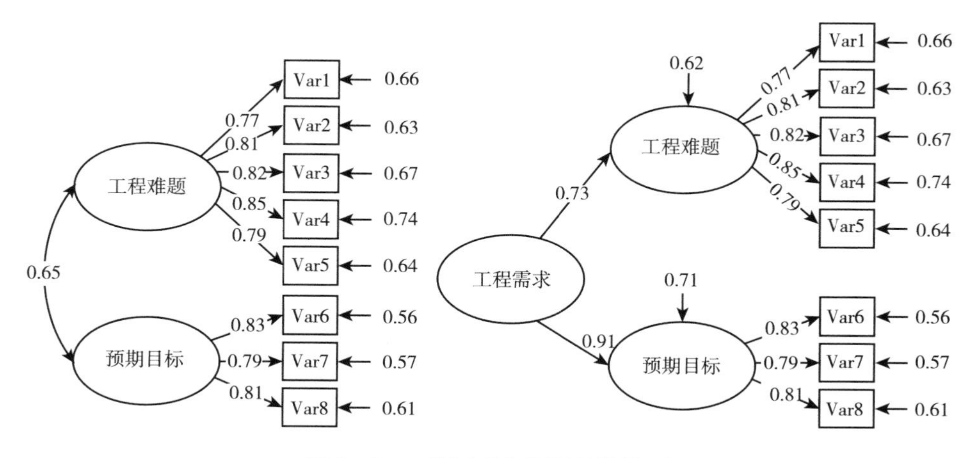

图6－1 工程需求各因子结构模型

表 6-5　　工程需求不同因子模型拟合指标统计

模型	χ^2/df	GFI	NFI	IFI	TLI	CFI	RMSEA
1 因子模型	8.839	0.647	0.691	0.768	0.685	0.647	0.241
2 因子模型	2.764	0.951	0.932	0.958	0.937	0.945	0.092
2 阶 2 因子模型	2.764	0.951	0.932	0.958	0.937	0.945	0.092

对比表 6-5 中一阶单因子模型与一阶二因子模型的拟合指标。结果表明一阶二因子模型比一阶单因子模型结构区分更加明显。再次论证工程需求有 3 个主因子。对比表 6-5 中一阶二因子模型与二阶二因子模型的拟合指标，发现其拟合指标相同。这表明各因子变量间有一定独立性，同时也能收敛于更高阶变量。显然，工程需求作为更高阶变量，具有结构区分效度，可划分为工程难题、预期目标 2 个因子。同时，也可直接收敛于其本身。

（2）人际关系。

①KMO 值与 Bartlett 球形检验。由第 5 章的表 5-6 可知，人际关系量表涉及 6 题项。并将对应的调查问卷所收集的样本数据导入 SPSS 软件，进行 KMO 值与 Bartlett 球形检验。检验结果见表 6-6。其中，KMO 值 =0.824，且 P=0.000。满足显著性水平，合适因子分析。

表 6-6　　KMO 和 Bartlett 检测结果

取样足够度的 KMO 值		0.824
Bartlett 球形度检验	卡方	1 065.607
	自由度	36
	显著性	0.000

②探索性因子分析。运用主成分与最大方差等方法，计算人际关系的因子旋转荷载矩阵，结果见表 6-7。人际关系的 6 个测量题项收敛成 3 个主成分，且旋转后的各因子荷载大于 0.75，结构效度区分良好。

③验证性因子分析。基于以上人际关系的探索性因子分析发现，人际关系的 6 个测量题项形成 3 个主因子，归属于第 5 章的表 5-6 所提炼的认可关系、信任关系、亲密关系等 3 个子范畴。再基于主因子及测量题项，在 Amos 软件中分别构建不同的因子结构模型见图 6-2。再分别导入数据进行验证性因子分析，并对各因子模型的计算结果及其拟合指标统计比较，见表 6-8。

表6-7 人际关系因子旋转载荷矩阵

测量题项	1	2	3
Var9 在建设工程创新活动中，我与其他成员常肯定对方所做成绩			0.829
Var10 在建设工程创新活动中，我的意见经常被其他创新人员所采纳			0.843
Var11 建设工程创新网中我与其他成员可以自由地交换个人看法与建议		0.847	
Var12 建设工程创新网中我与其他成员经常彼此坦诚相待		0.785	
Var13 在建设工程创新活动中，我和其他成员间亲密合作	0.783		
Var14 在建设工程创新活动中，我和其他成员间联系紧密	0.786		

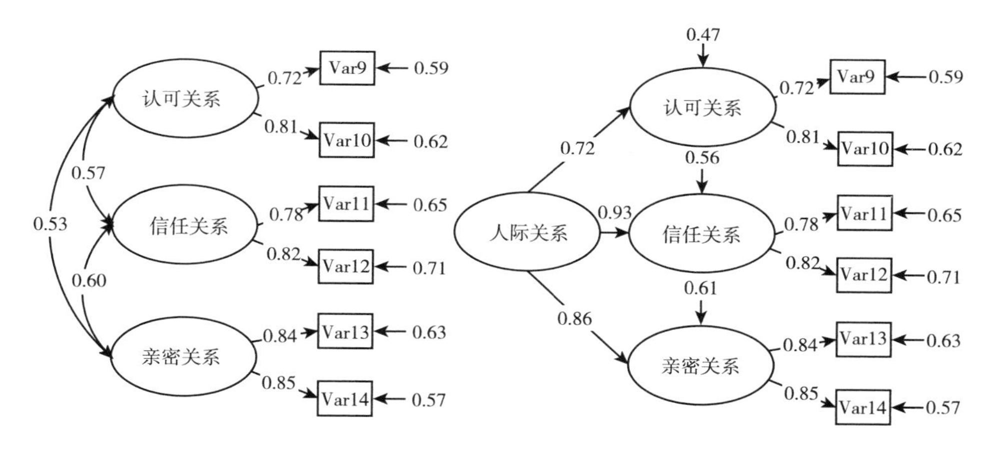

图6-2 人际关系各因子结构模型

表6-8 人际关系不同因子模型拟合指标统计

模型	χ^2/df	GFI	NFI	IFI	TLI	CFI	RMSEA
1因子模型	8.639	0.661	0.691	0.689	0.613	0.684	0.236
3因子模型	2.736	0.936	0.933	0.947	0.945	0.959	0.093
2阶3因子模型	2.736	0.936	0.933	0.947	0.945	0.959	0.093

对比表6-8中一阶单因子模型与一阶三因子模型的拟合指标。结果表明一阶三因子模型比一阶单因子模型结构区分更加明显。再次论证人际关系有3个主因子。对比表6-8中一阶三因子模型与二阶三因子模型的拟合指标，发现其拟合指标相同。这表明各因子变量间有一定独立性，同时也

能收敛于更高阶变量。显然，人际关系作为更高阶变量，具有结构区分效度，可划分为认可关系、信任关系、亲密关系 3 个因子。同时，也可直接收敛于其本身。

（3）组织间关系。

①KMO 值与 Bartlett 球形检验。由第 5 章的表 5 - 6 可知，组织间关系量表涉及 5 题项。并将对应的调查问卷所收集的样本数据导入 SPSS 软件，进行 KMO 值与 Bartlett 球形检验，检验结果见表 6 - 9。其中，KMO 值 =0.712，勉强合适因子分析；且 P =0.000，满足显著性水平。

表 6 - 9　　KMO 和 Bartlett 检测结果

取样足够度的 KMO 值		0.712
Bartlett 球形度检验	卡方	155.207
	自由度	6
	显著性	0.000

②探索性因子分析。运用主成分与最大方差等方法，计算组织间关系的因子旋转荷载矩阵结果见表 6 - 10。组织间关系 5 个测量题项收敛成 3 个主成分，且旋转后的各因子荷载大于 0.75，结构效度区分良好。

表 6 - 10　　组织间关系因子旋转载荷矩阵

测量题项	1	2	3
Var15 在建设工程创新过程，本创新主体与其他创新主体有以往的合作经历，从而加强两组织间的互信	0.832		
Var16 在建设工程创新过程，本单位与其他某个单位是合作伙伴关系	0.875		
Var17 在建设工程创新过程，本创新主体与其他创新主体签订创新战略协议		0.793	
Var18 在建设工程创新过程，本创新主体与其他创新主体存在正式合同关系		0.789	
Var19 在建设工程创新过程，本创新主体与其他创新主体存在企业隶属关系			0.877

③验证性因子分析。基于以上组织间关系的探索性因子分析发现，组织间关系的5个测量题项形成3个主因子，归属于第5章的表5－6所提炼的合作关系、商业关系、隶属关系等3个子范畴。再基于主因子及测量题项，在Amos软件中分别构建不同的因子结构模型，见图6－3。再分别导入数据进行验证性因子分析，并对各因子模型的计算结果及其拟合指标统计比较，见表6－11。

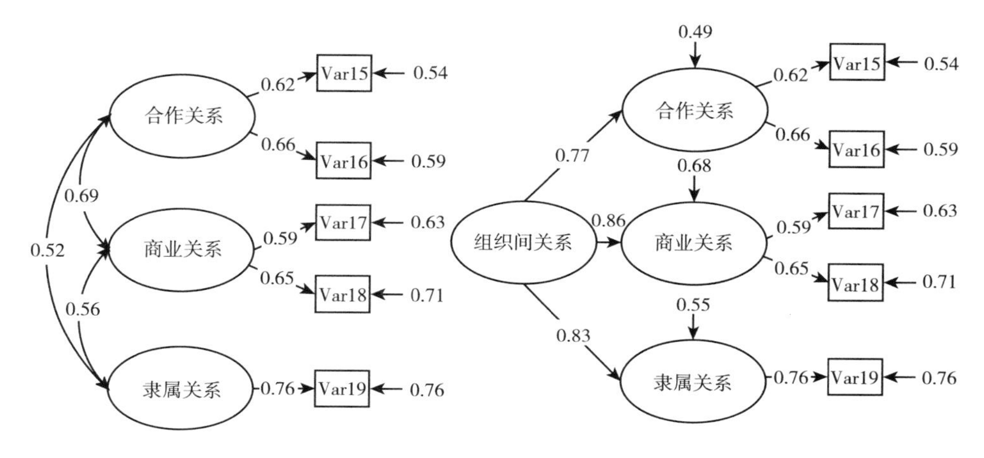

图6－3 组织间关系各因子结构模型

表6－11 组织间关系不同因子模型拟合指标统计

模型	χ^2/df	GFI	NFI	IFI	TLI	CFI	RMSEA
1因子模型	8.179	0.638	0.691	0.682	0.673	0.696	0.186
3因子模型	2.675	0.961	0.947	0.939	0.923	0.937	0.089
2阶3因子模型	2.675	0.961	0.947	0.939	0.923	0.937	0.089

对比表6－11中一阶单因子模型与一阶三因子模型的拟合指标。结果表明一阶三因子模型比一阶单因子模型结构区分更加明显。再次论证组织间关系有3个主因子。对比表6－11中一阶三因子模型与二阶三因子模型的拟合指标，发现其拟合指标相同。这表明各因子变量间有一定独立性，同时也能收敛于更高阶变量。显然，组织间关系作为更高阶变量，具有结构区分效度，可划分为合作关系、商业关系、隶属关系3个因子。同时，也可直接收敛于其本身。

（4）知识共享。由第5章的表5－6可知，知识共享量表涉及7题项。并将对应的调查问卷所收集的样本数据导入SPSS软件，进行KMO值与Bartlett球形检验，检验结果见表6－12。其中，KMO值＝0.863，且P＝0.000。满足显著性水平，合适因子分析。

表6－12　　　　KMO和Bartlett检测结果

KMO取样适切性量数		0.863
Bartlett球形度检验	卡方	1 029.527
	自由度	36
	显著性	0.000

运用主成分与最大方差等方法，计算知识共享的因子旋转荷载矩阵结果，见表6－13。知识共享的7个测量题项收敛成2个主成分，且旋转后的各因子荷载大于0.65，结构效度区分良好。

表6－13　　　　知识共享因子旋转载荷矩阵

测量题项	1	2
Var20 在建设工程创新中，我主动向其他创新个体推荐与创新相关的期刊论文、著作和专利进行学习	0.793	
Var21 在建设工程创新中，我主动向其他创新个体推荐与建设工程创新有关的工作文档	0.762	
Var22 在建设工程创新中，我与其他创新个体通过电话或者网络通讯工具（如微信、QQ等）讨论、相互交流工作问题		0.824
Var23 在建设工程创新中，我与其他创新个体在项目餐厅、聚会等非办公场所分享工作经验		0.841
Var24 在建设工程创新中，我与其他创新个体参与工作报告会、经验交流会、项目研讨会等正式集体活动		0.792
Var25 在关于建设工程创新正式会议上表达自己的观点和思想、提出方案并参与讨论		0.682
Var26 在建设工程创新中，我经常与其他创新个体参加培训或讲座等学习活动		0.746

基于以上知识共享的探索性因子分析发现，知识共享的7个测量题项形成2个主因子，归属于第5章的表5-6所提炼的显性知识共享、隐性知识共享等2个子范畴。再基于主因子及测量题项，在Amos软件中分别构建不同的因子结构模型，见图6-4。再分别导入数据进行验证性因子分析，并对各因子模型的计算结果及其拟合指标统计作比较，见表6-14。

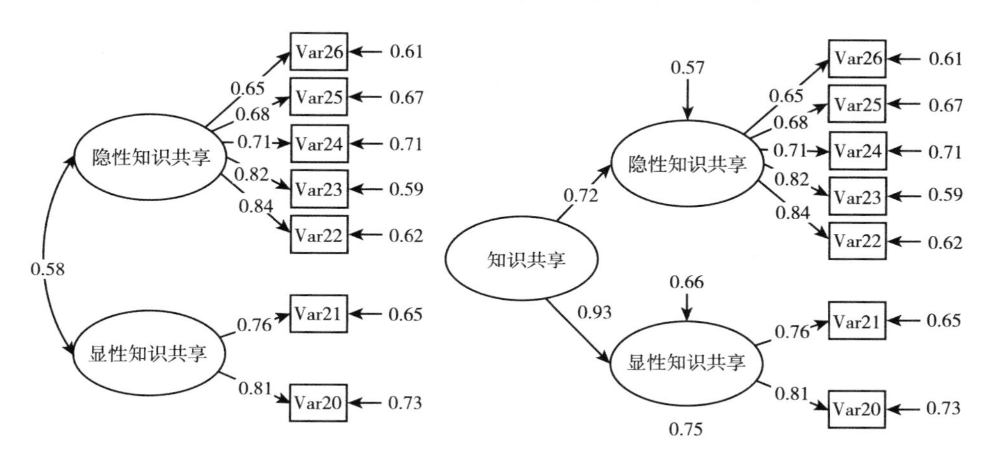

图6-4 知识共享各因子结构模型

表6-14 知识共享不同因子模型拟合指标统计

模型	χ^2/df	GFI	NFI	IFI	TLI	CFI	RMSEA
1因子模型	7.143	0.638	0.593	0.586	0.579	0.598	0.207
2因子模型	3.325	0.951	0.918	0.937	0.915	0.896	0.085
2阶2因子模型	3.325	0.951	0.918	0.937	0.915	0.896	0.085

对比表6-14中一阶单因子模型与一阶二因子模型的拟合指标。结果表明一阶二因子模型比一阶单因子模型结构区分更加明显。再次论证知识共享有两个主因子。对比表6-14中一阶二因子模型与二阶二因子模型的拟合指标，发现其拟合指标相同。这表明各因子变量间有一定独立性，同时也能收敛于更高阶变量。显然，知识共享作为更高阶变量，具有结构区分效度，可划分为显性知识共享、隐性知识共享两个因子。同时，也可直接收敛于其本身。

（5）创新行为。

①KMO值与Bartlett球形检验。由第5章的表5-6可知，创新行为量表

涉及 8 个题项。并将对应的调查问卷所收集的样本数据导入 SPSS 软件，进行 KMO 值与 Bartlett 球形检验。检验结果见表 6 – 15。其中，KMO 值 = 0.873，且 P = 0.000。满足显著性水平，合适因子分析。

表 6 – 15　　KMO 和 Bartlett 球形检测结果

取样足够度的 KMO 值		0.873
Bartlett 球形度检验	卡方	1 165.607
	自由度	36
	显著性	0.000

②探索性因子分析。运用主成分与最大方差等方法，计算创新行为的因子旋转荷载矩阵结果见表 6 – 16。创新行为的 8 个测量题项收敛成 3 个主成分，且旋转后的各因子荷载大于 0.65。结构效度区分良好。

表 6 – 16　　创新行为因子旋转载荷矩阵

测量题项	1	2	3
Var27 在日常工作中，我具有创新性思维	0.871		
Var28 面对工程问题，我积极思考，努力寻找新的解决办法	0.856		
Var29 面对工程问题，我尽力尝试提出新方案	0.785		
Var30 在建设工程创新过程中，我会向其他成员或领导推销新想法或方案		0.694	
Var31 在建设工程创新过程中，我积极寻求他人对我的创新想法或方案的支持		0.827	
Var32 在建设工程创新过程中为实现我的新构想或创意，我会想办法争取所需资源		0.689	
Var33 我会积极地制订适当的计划或规划来落实我的创新构想			0.744
Var34 为了实现其他成员的创新性构想，我经常会献计献策			0.729

③验证性因子分析。基于以上创新行为的探索性因子分析发现，创新行为的 8 个测量题项形成 3 个主因子，归属于第 5 章的表 5 – 6 所提炼的构想产生、寻求支持、创意实行等 3 个子范畴。再基于主因子及测量题项，在 Amos 软件中分别构建不同的因子结构模型，见图 6 – 5。再分别导入数据进行验证性因子分析，并对各因子模型的计算结果及其拟合指标统计比较，见表 6 – 17。

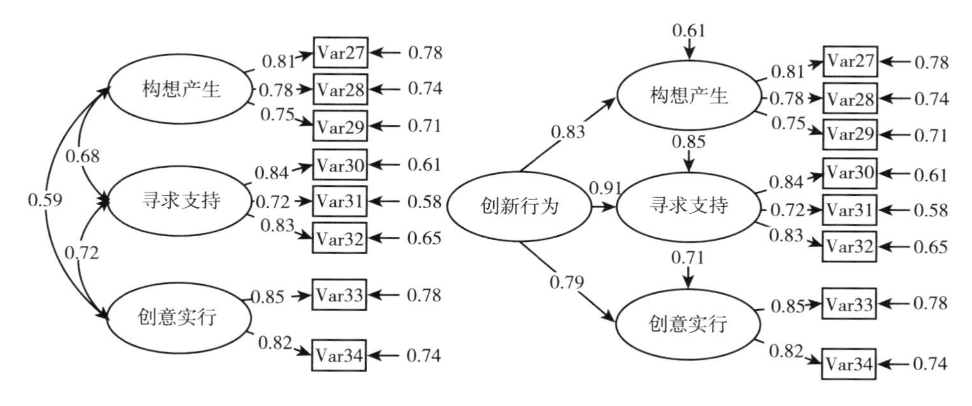

图 6-5 创新行为各因子结构模型

表 6-17 创新行为不同因子模型拟合指标统计

模型	χ^2/df	GFI	NFI	IFI	TLI	CFI	RMSEA
1 因子模型	8. 659	0. 688	0. 669	0. 684	0. 731	0. 752	0. 247
3 因子模型	2. 007	0. 939	0. 879	0. 893	0. 912	0. 931	0. 087
2 阶 3 因子模型	2. 007	0. 939	0. 879	0. 893	0. 912	0. 931	0. 087

对比表 6-17 中一阶单因子模型与一阶三因子模型的拟合指标。结果表明一阶三因子模型比一阶单因子模型结构区分更加明显。再次论证创新行为有 3 个主因子。对比表 6-17 中一阶三因子模型与二阶三因子模型的拟合指标，发现其拟合指标相同。这表明各因子变量间有一定独立性，同时也能收敛于更高阶变量。显然，创新行为作为更高阶变量，具有结构区分效度，可划分为构想产生、寻求支持、创意实行 3 个因子。同时，也可直接收敛于其本身。

2. 收敛效度

测量量表的收敛效度是基于各因子所提取平均方差来评估的。若各因子所提取平均方差超过 0.5，则说明各因子测量量表收敛效度高。为此，将工程需求、人际关系、组织间关系、知识共享及创新行为等变量的验证性因子分析数据，进行平均方差的提取。计算结果见表 6-18。各因子所提取平均方差超过 0.5，证明测量量表中各题项的收敛效度较高。

表 6－18　　　　收敛效度计算结果统计

构念	因子	测量题项	标准化载荷	各因子所提取平均方差
工程需求	工程难题	Var1	0.69	0.70
		Var2	0.66	
		Var3	0.77	
		Var4	0.78	
		Var5	0.58	
	预期目标	Var6	0.65	0.69
		Var7	0.58	
		Var8	0.84	
人际关系	认可关系	Var9	0.62	0.71
		Var10	0.79	
	信任关系	Var11	0.86	0.79
		Var12	0.71	
	亲密关系	Var13	0.61	0.65
		Var14	0.69	
组织间关系	组织间合作关系	Var15	0.67	0.70
		Var16	0.72	
	组织间商业关系	Var17	0.58	0.67
		Var18	0.75	
	组织间隶属关系	Var19	0.63	0.63
知识共享	显性知识共享	Var20	0.56	0.62
		Var21	0.67	
	隐性知识共享	Var22	0.63	0.72
		Var23	0.75	
		Var24	0.72	
		Var25	0.82	
		Var26	0.69	
创新行为	构想产生	Var27	0.68	0.63
		Var28	0.67	
		Var29	0.53	

续表

构念	因子	测量题项	标准化载荷	各因子所提取平均方差
创新行为	寻求支持	Var30	0.57	0.65
		Var31	0.65	
		Var32	0.72	
	创意实行	Var33	0.64	0.70
		Var34	0.76	

6.2　影响机理模型检验

6.2.1　主效应影响模型的假设检验

1. 工程需求对建设工程创新行为的主效应检验

从4.3.2节中基于社会关系的建设工程创新行为影响机理概念模型来看，不难发现，图4－1中存在工程需求对建设工程创新行为具有直接主效应影响的假设。且在6.1.2节的效度分析时，通过探索性与验证性因子分析，明晰工程需求存在2个公因子，涉及工程难题、预期目标。创新行为的因子有新构想产生、寻求支持、创意实行。为此，工程需求对建设工程创新行为的主效应影响模型如图6－6所示。再通过实证分析方法对该主效应影响模型进行检验。

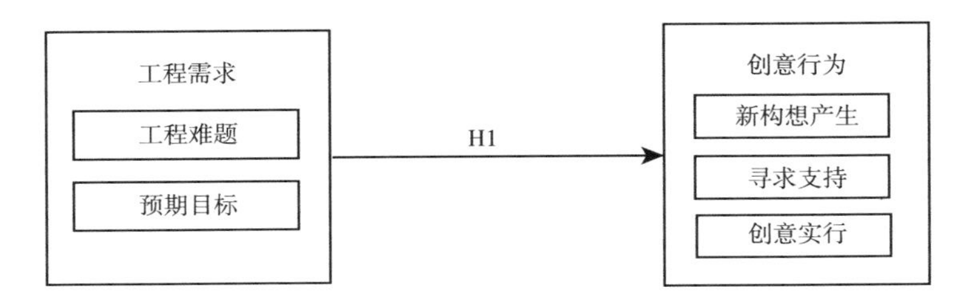

图6－6　工程需求对建设工程创新行为的主效应影响模型

（1）基于回归分析的初步检验。本书采用回归分析方法初步考察工程需求中的工程难题、预期目标，对建设工程创新行为的主效应。将调查问卷所收集到的样本数据整理后，导入 SPSS 软件，初步检验结果见表 6-19。

表 6-19　　工程需求对建设工程创新行为的检验结果

模型	模型 1	模型 2	模型 3
因变量	创新行为		
自变量系数	Beta1	Beta2	Beta3
性别	-0.023	-0.017	-0.004
学历	-0.011	0.003	0.002
工作年限	0.022	0.018	0.014
工作单位	0.043	0.053	0.064
工作岗位	0.033	0.044	0.047
工程难题		0.487**	
预期目标			0.421***
F	0.263	13.746***	11.279***
F. sig	0.751	0.000	0.000
R^2	0.006	0.378	0.316

注：* 表示 P<0.05；** 表示 P<0.01；*** 表示 P<0.001。

由表 6-19 可知，模型 1 表示输入性别、学历、工作岗位等建设工程创新个体统计学控制变量，对以建设工程创新行为为因变量进行回归分析时的检验结果。F. sig 为 0.751 大于 0.05，则该整个模型在统计学上总体不显著；且 R^2 为 0.006，表示其对建设工程创新行为影响甚微，可忽略不计。但为保持检验过程一致性，之后模型仍输入这些控制变量。

为检验工程难题对建设工程创新行为的影响，在模型 1 的基础上引入工程难题，检验结果如模型 2 所示。模型 2 在统计学上总体显著，且模型的 R^2 为 0.378，表明工程难题对建设工程创新行为有显著的积极影响（Beta2 =0.487，P<0.01）。其解释的方差变异量为 37.8%。假设 H1a 获得支持。

为检验预期目标对建设工程创新行为的影响。在模型 1 的基础上引入预期目标，检验结果如模型 3 所示。模型 3 在统计学上总体显著，且

模型的 R^2 为0.316，表明预期目标对建设工程创新行为有显著的积极影响（Beta3 = 0.421，$P < 0.001$）。其解释的方差变异量为31.6%。假设H1b获得支持。

综上所述，工程难题、预期目标均会对个体创新行为产生显著影响。即工程需求对建设工程创新行为有积极影响。假设H1获得支持。

（2）基于结构方程模型的再次验证。为再次验证工程需求对建设工程创新行为的影响，运用结构方程模型方法，以工程难题、预期目标为自变量，以建设工程创新行为为因变量，在Amos软件中构建对应的结构模型，并导入样本数据运行模型。运行结果见图6-7，相关拟合指标值见表6-20。

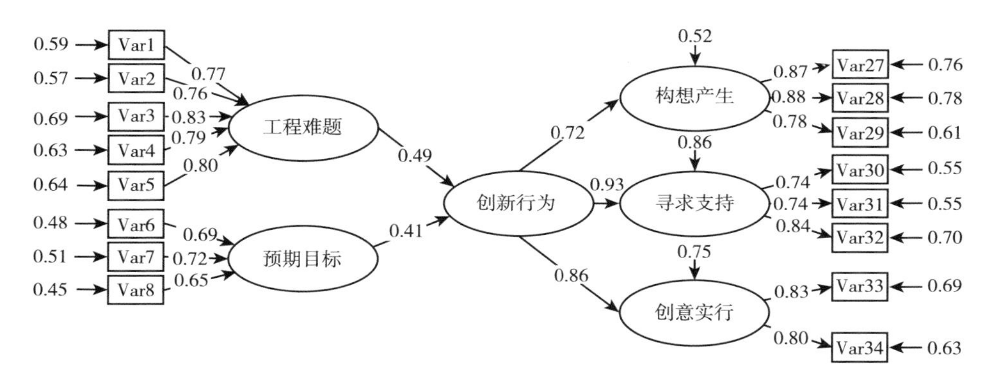

图6-7 工程需求对创新行为的主效应模型

表6-20 工程需求与创新行为模型运行结果

		工程难题→创新行为	预期目标→创新行为	拟合指数	数值
非标准化参数	非标准化参数估计值（Estimate）	0.541	0.463	χ^2/df	1.624
	标准误差（S.E.）	0.175	0.273	GFI	0.941
	临界比值（C.R.）	1.731	1.687	NFI	0.933
	显著性P	0.002	0.031	IFI	0.943
标准化参数估计值（Estimate）		0.491**	0.413*	TLI	0.926
				CFI	0.952
				RMSEA	0.048

注：* 表示 $P<0.05$；** 表示 $P<0.01$；*** 表示 $P<0.001$。

由表6－20可知，工程需求对建设工程创新行为有两条路径且都显著。其中工程难题→创新行为的影响系数为0.491；预期目标→创新行为的影响系数为0.413。绝对拟合指数中，χ^2/df为1.624小于3，表示适配程度较高；RMSEA值大于0.08，且接近0.05，表示达到合格水平；GFI值为0.941大于0.90，且增值适配指数中NFI，IFI，TLI值均超过0.90，说明达到满意水平。因此，工程需求涉及的工程难题、预期目标等，对建设工程创新行为的结构模型拟合情形较为理想。再次证明工程需求涉及的工程难题、预期目标等对建设工程创新行为，均存在显著的积极影响。

2. 人际关系对建设工程创新行为的主效应检验

从4.3.2节中基于社会关系的建设工程创新行为影响机理概念模型来看，不难发现，图4－1中存在于社会关系中的人际关系对建设工程创新行为具有直接主效应影响的假设。且在6.1.2节的效度分析时，通过探索性与验证性因子分析，明晰人际关系存在3个公因子，涉及认可关系、信任关系及亲密关系等。创新行为的因子有新构想产生、寻求支持、创意实行。为此，人际关系对建设工程创新行为的主效应影响模型如图6－8所示。再通过实证分析方法对该主效应影响模型进行检验。

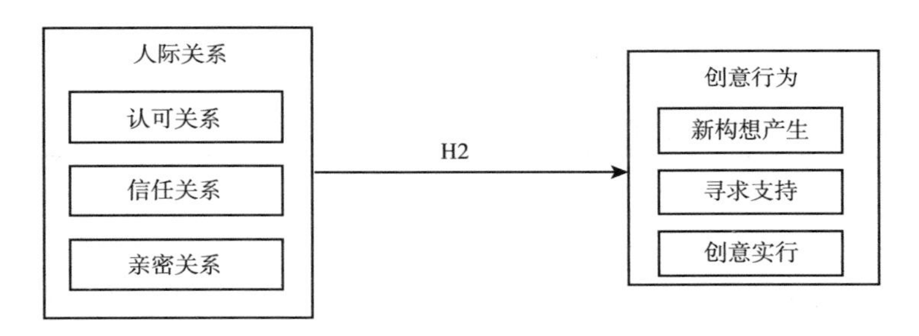

图6－8 人际关系对建设工程创新行为的主效应影响模型

（1）基于回归分析的初步检验。本书采用回归分析方法初步考察人际关系中的认可关系、信任关系及亲密关系对建设工程创新行为的主效应。将调查问卷所收集到的样本数据整理后，导入SPSS软件，初步检验结果见表6－21。

表 6-21 人际关系对建设工程创新行为的检验结果

模型	模型4	模型5	模型6	模型7
因变量	创新行为			
自变量系数	Beta4	Beta5	Beta6	Beta7
性别	-0.083	-0.117	-0.104	-0.069
学历	-0.016	0.002	0.001	-0.024
工作年限	0.012	0.016	0.024	-0.011
工作单位	0.053	0.068	0.076	0.057
工作岗位	0.024	0.041	0.043	0.027
认可关系		0.381**		
信任关系			0.417***	
亲密关系				0.374***
F	0.241	12.652***	10.964***	9.875***
F. sig	0.823	0.000	0.000	0.000
R^2	0.008	0.294	0.285	0.273

注：* 表示 P<0.05；** 表示 P<0.01；*** 表示 P<0.001。

由表6-21可知，模型4表示输入性别、学历、工作岗位等建设工程创新个体统计学控制变量，对以建设工程创新行为为因变量进行回归分析时的检验结果。F. sig 为0.823大于0.05，则该整个模型在统计学上总体不显著。且 R^2 为0.008，表示其对建设工程创新行为影响甚微，可忽略不计。但为保持检验过程一致性，之后模型仍输入这些控制变量。

为检验认可关系对建设工程创新行为的影响，在模型4的基础上引入认可关系，检验结果如模型5所示。模型5在统计学上总体显著，且模型的 R^2 为0.294。表明认可关系对建设工程创新行为有显著的积极影响（Beta5 = 0.381，P<0.01）。其解释的方差变异量为29.4%。假设H2a获得支持。

为检验信任关系对建设工程创新行为的影响，在模型4的基础上引入信任关系，检验结果如模型6所示。模型6在统计学上总体显著，且模型的 R^2 为0.285。表明信任关系对建设工程创新行为有显著的积极影响（Beta6 = 0.417，P<0.001）。其解释的方差变异量为28.5%。假设H2b获得支持。

为检验亲密关系对建设工程创新行为的影响，在模型5的基础上引入亲密关系，检验结果如模型7所示。模型7在统计学上总体显著，且模型的 R^2 为0.273，表明亲密关系对建设工程创新行为有显著的积极影响（Beta7 =

0.374，P<0.001)。其解释的方差变异量为27.3%。假设H2c获得支持。

综上所述，认可关系、信任关系及亲密关系均会对个体创新行为产生显著影响，即人际关系对建设工程创新行为有积极影响。假设H2获得支持。

(2) 基于结构方程模型的再次验证。为再次验证人际关系对建设工程创新行为的影响，运用结构方程模型方法，以认可关系、信任关系及亲密关系为自变量，以建设工程创新行为为因变量，在Amos软件中构建对应的结构模型，并导入样本数据运行模型。运行结果见图6-9，相关拟合指标值见表6-22。

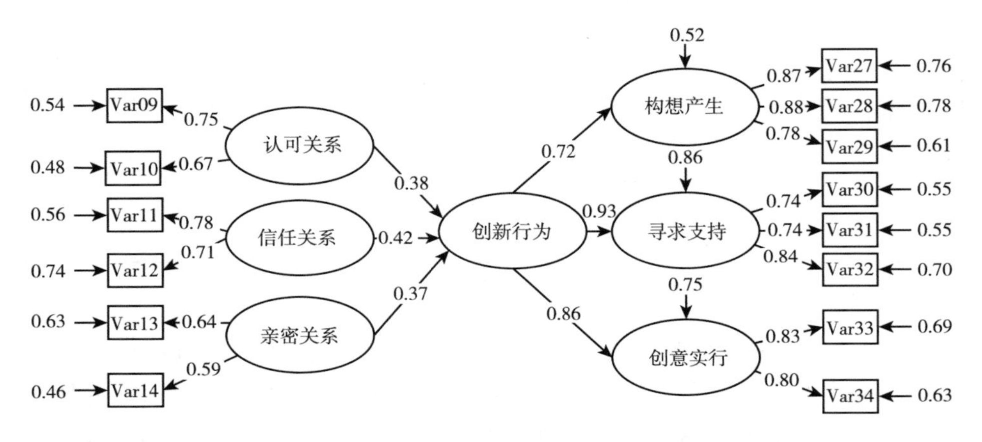

图6-9 人际关系对创新行为的主效应模型

表6-22 人际关系与创新行为模型运行结果

		认可关系→创新行为	信任关系→创新行为	亲密关系→创新行为	拟合指数	数值
非标准化参数	非标准化参数估计值(Estimate)	0.343	0.355	0.269	χ^2/df	1.721
	标准误差（S.E.)	0.127	0.212	0.134	GFI	0.936
	临界比值（C.R.)	1.921	2.073	1.872	NFI	0.924
	显著性P	0.002	0.023	0.001	IFI	0.952
标准化参数估计值(Estimate)		0.373**	0.311*	0.364**	TLI	0.941
					CFI	0.963
					RMSEA	0.057

注：*表示P<0.05；**表示P<0.01；***表示P<0.001。

由表6－22可知，人际关系对建设工程创新行为有3条路径且都显著。其中认可关系→创新行为的影响系数为0.373；信任关系→创新行为的影响系数为0.311；且亲密关系→创新行为的影响系数为0.364。人际关系中的认可关系—创新行为（Beta＝0.373）、信任关系—创新行为（Beta＝0.311）、亲密关系—创新行为（Beta＝0.364）3条路径均显著于绝对拟合指数中。χ^2/df为1.721小于3，表示适配程度较高；RMSEA值大于0.08，且接近0.05，表示达到合格水平；GFI值为0.963大于0.90，且增值适配指数中NFI，IFI，TLI值均超过0.90，说明达到满意水平。因此，人际关系涉及的认可关系、信任关系及亲密关系等对建设工程创新行为的结构模型拟合情形较为理想。再次证明人际关系涉及的认可关系、信任关系及亲密关系等对建设工程创新行为均存在显著的积极影响。

6.2.2 中介效应影响模型的假设检验

从4.3.2节中基于社会关系的建设工程创新行为影响机理概念模型来看，不难发现，图4－1中存在知识共享在人际关系对建设工程创新行为具有中介效应影响的假设。且在6.1.2节的效度分析时，通过探索性与验证性因子分析，明晰知识共享存在显性知识共享与隐性知识共享2个公因子。人际关系的因子有认可关系、信任关系及亲密关系等；创新行为的因子有新构想产生、寻求支持、创意实行。为此，知识共享在人际关系对建设工程创新行为的中介效应影响模型如图6－10所示。再通过实证分析方法对该中介效应影响模型进行检验。基本步骤有：首先，检验人际关系对创新行为的影响。已在6.2.1节验证假设H2成立；再分别检验人际关系对知识共享的影响以及知识共享对创新行为的影响，即验证假设H4和H6是否成立；最后，若假设H2、H4、H6均成立，则知识共享将成为人际关系和创新行为之间的中介变量。H7假设获得支持。详细检验过程见图6－10。

1. 基于回归分析的初步检验

（1）显性知识共享中介效应初步检验。本书采用回归分析方法初步考察显性知识共享在人际关系与创新行为中的中介效应，将调查问卷所收集到的样本数据整理后，导入SPSS软件。初步检验结果见表6－23。

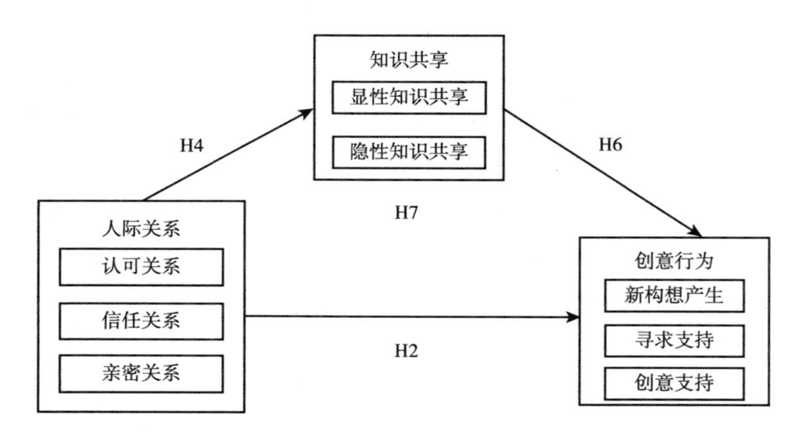

图 6－10　知识共享在人际关系对建设工程创新行为的中介效应影响模型

表 6－23　人际关系、显性知识共享与创新行为关系检验

模型	模型 1	模型 2	模型 3	模型 4	模型 5	模型 6
因变量	显性知识共享			创新行为		
自变量系数	Beta1	Beta2	Beta3	Beta4	Beta5	Beta6
性别	－0. 083	－0. 117	－0. 104	－0. 069	－0. 058	－0. 053
学历	－0. 016	0. 002	0. 001	－0. 024	0. 012	0. 025
工作年限	0. 012	0. 016	0. 024	－0. 011	－0. 031	－0. 037
工作单位	0. 053	0. 068	0. 076	0. 057	0. 056	0. 112
工作岗位	0. 024	0. 041	0. 043	－0. 007	－0. 022	0. 029
认可关系	0. 105			0. 426 ***		
信任关系		0. 116			0. 474 ***	
亲密关系			0. 097			0. 416 ***
显性知识共享				0. 102	0. 076	0. 064
F	11. 209	11. 548	8. 414	12. 604	10. 694	11. 132
F. sig	0. 137	0. 102	0. 148	0. 000	0. 000	0. 000
R^2	0. 026	0. 038	0. 11	0. 319	0. 373	0. 275

注：* 表示 P<0. 05；** 表示 P<0. 01；*** 表示 P<0. 001。

由表 6－23 可知，模型 1 表示输入认可关系自变量，对以建设工程个体显性知识共享为因变量进行回归分析时的检验结果。F. sig 为 0. 137 大于 0. 05，则该整个模型在统计学上总体不显著，且 P>0. 05 表示认可关系对建设工程个体显性知识共享影响不显著，假设 H4a 部分未获得支持。同理可知，模型2、模型3 中所涉及的信任关系、亲密关系对建设工程个体显性知识共享影响均不显著，假设 H4b，H4c 部分均未获得支持。因此，认可关系、信任关系及亲密关系均对建设工程个体知识显性共享影响不显著，即人际关系对建设工程个体显性知识共享影响不显著。假设 H4 部分未获得支持。

（2）隐性知识共享初步检验。本书采用回归分析方法初步考察隐性知识共享在人际关系与创新行为中的中介效应。将调查问卷所收集到的样本数据整理后，导入 SPSS 软件。初步检验结果见表 6－24。

表 6－24　　人际关系、隐性知识共享与创新行为关系检验

模型	模型 7	模型 8	模型 9	模型 10	模型 11	模型 12
因变量	隐性知识共享			创新行为		
自变量系数	Beta7	Beta8	Beta9	Beta10	Beta11	Beta12
性别	－0.083	－0.117	－0.104	－0.069	－0.058	－0.053
学历	－0.016	0.002	0.001	－0.024	0.012	0.025
工作年限	0.012	0.016	0.024	－0.011	－0.031	－0.037
工作单位	0.053	0.068	0.076	0.057	0.056	0.112
工作岗位	0.024	0.041	0.043	－0.007	－0.022	0.029
认可关系	0.569***			0.415***		
信任关系		0.593***			0.426***	
亲密关系			0.578***			0.433***
隐性知识共享				0.384***	0.336***	0.372***
F	9.375	10.637	8.975	11.487	10.421	10.936
F. sig	0.000	0.000	0.000	0.000	0.000	0.000
R^2	0.225	0.241	0.267	0.328	0.319	0.262

注：* 表示 P＜0.05；** 表示 P＜0.01；*** 表示 P＜0.001。

由表 6－24 可知，模型 7 表示输入认可关系自变量，对以建设工程个体隐性知识共享为因变量进行回归分析时的检验结果。F. sig 为小于 0.05，则该整个模型在统计学上总体显著。且 Beta7 ＝0.569，P＜0.001，表示认可关系对建设工程个体隐性知识共享影响显著。假设 H4a 部分获得支持。同理可知，模型 8、模型 9 中所涉及的信任关系、亲密关系对建设工程个体显性知识共享影响均显著。假设 H4b，假设 H4c 部分均获得支持。因此，认可关系、信任关系及亲密关系均对建设工程个体隐性知识共享影响显著，即人际关系对建设工程个体隐性知识共享影响显著。假设 H4 部分获得支持。同时，模型 7 中认可关系系数（Beta =0. 569）较模型 10 中系数（Beta =0. 415）有所下降；模型 8 中信任关系系数（Beta =0. 593）较模型 11 中系数（Beta =0. 426）有所下降；模型 9 中亲密关系系数（Beta =0. 578）较模型 12 中系数（Beta =0. 433）有所下降，可以得知隐性知识共享在人际关系与创新行为之间起着部分中介的作用。假设 H6b 和假设 H7b 获得支持。

综述分析，知识共享在人际关系与创新行为中介效应的假设，部分获得支持，即显性知识共享在人际关系与创新行为的中介效应不显著；而隐性知识共享在人际关系与创新行为的中介效应显著，故假设 H7 部分获得支持。

2. 基于结构方程模型的再次验证

为再次验证显性知识共享、隐性知识共享的中介效应，运用结构方程模型方法，以人际关系为自变量，分别以显性知识共享、隐性知识共享为中介变量，创新行为为因变量，在 Amos 软件中构建对应的结构模型，并导入样本数据运行模型。运行结果见图 6 –11，相关拟合指标值见表 6 –25。

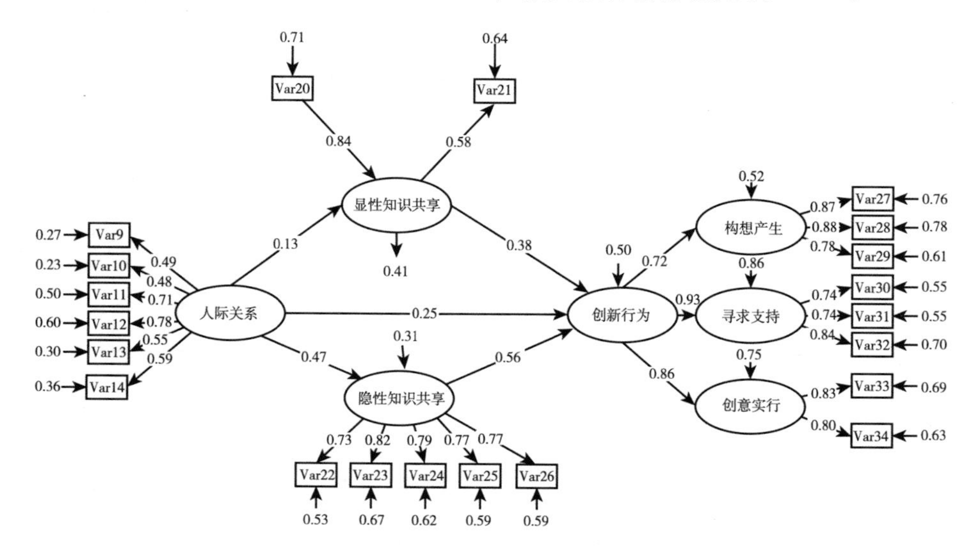

图 6 –11 中介效应检验

表 6－25 **中介效应检验结果**

<table>
<tr><td colspan="7">显性知识共享的中介效应</td></tr>
<tr><td colspan="2"></td><td>人际关系→显性知识共享</td><td>显性知识共享→创新行为</td><td>人际关系→创新行为</td><td>拟合指数</td><td>数值</td></tr>
<tr><td rowspan="4">非标准化参数</td><td>非标准化参数估计值（Estimate）</td><td>0.247</td><td>0.311</td><td>0.246</td><td>χ^2/df</td><td>1.621</td></tr>
<tr><td>标准误差（S. E.）</td><td>0.223</td><td>0.216</td><td>0.146</td><td>GFI</td><td>0.927</td></tr>
<tr><td>临界比值（C. R.）</td><td>1.882</td><td>2.123</td><td>1.671</td><td>NFI</td><td>0.915</td></tr>
<tr><td>显著性 P</td><td>0.063</td><td>0.003</td><td>0.031</td><td>IFI</td><td>0.972</td></tr>
<tr><td colspan="2" rowspan="3">标准化参数估计值（Estimate）</td><td rowspan="3">0.132</td><td rowspan="3">0.381***</td><td rowspan="3">0.247**</td><td>TLI</td><td>0.935</td></tr>
<tr><td>CFI</td><td>0.902</td></tr>
<tr><td>RMSEA</td><td>0.080</td></tr>
<tr><td colspan="7">隐性知识共享的中介效应</td></tr>
<tr><td colspan="2"></td><td>人际关系→隐性知识共享</td><td>隐性知识共享→创新行为</td><td>人际关系→创新行为</td><td>拟合指数</td><td>数值</td></tr>
<tr><td rowspan="4">非标准化参数</td><td>非标准化参数估计值（Estimate）</td><td>0.213</td><td>0.326</td><td>0.246</td><td>χ^2/df</td><td>1.749</td></tr>
<tr><td>标准误差（S. E.）</td><td>0.241</td><td>0.225</td><td>0.146</td><td>GFI</td><td>0.931</td></tr>
<tr><td>临界比值（C. R.）</td><td>1.876</td><td>2.179</td><td>1.671</td><td>NFI</td><td>0.927</td></tr>
<tr><td>显著性 P</td><td>0.001</td><td>0.002</td><td>0.001</td><td>IFI</td><td>0.952</td></tr>
<tr><td colspan="2" rowspan="3">标准化参数估计值（Estimate）</td><td rowspan="3">0.471***</td><td rowspan="3">0.558***</td><td rowspan="3">0.247**</td><td>TLI</td><td>0.941</td></tr>
<tr><td>CFI</td><td>0.955</td></tr>
<tr><td>RMSEA</td><td>0.063</td></tr>
</table>

注：* 表示 $P<0.05$；** 表示 $P<0.01$；*** 表示 $P<0.001$。

综述检验结果可知，知识共享在工程需求与创新行为之间起着部分中介的作用。显性知识共享的中介效应不明显；且隐性知识共享的中介效应较显著。隐性知识共享模型拟合指标比显性知识共享模型拟合指标要更好（RMSEA = 0.063 < 0.08，CFI = 0.955 > 0.90）。通过上述分析，知识共享中介效应模型达到了满意水平，拟合情况较好，起着部分中介的作用。

6.2.3 调节效应影响模型假设检验

1. 基于工程需求对创新行为影响的组织间关系调节效应检验

主要通过采用多元调节回归分析来检验调节效应。其主要步骤如下：第一，用潜在变量代表类别变量；第二，对潜在变量进行中心化或标准化；第三，构造自变量乘积项；第四，构造多元调节回归方程。将工程需求作为前因变量；创新行为作为结果变量；组织间关系作为调节变量，检验组织间关系变量的调节效应。意味着检验其与工程需求的交互效应是否显著。基于工程需求与组织间关系均为同一层次的多属性变量，故对这两个变量进行交互效应的方差分析。交互效应即为调节效应。

从 4. 3. 2 节中基于社会关系的建设工程创新行为影响机理概念模型来看，不难发现，图 4 –1 中存在组织间关系正向调节工程需求对建设工程创新行为影响的假设。且在 6. 1. 2 节的效度分析时，通过探索性与验证性因子分析，明晰组织间关系存在 3 个公因子，涉及组织间合作关系、商业关系及隶属关系。工程需求涉及工程难题与预期目标等。创新行为的因子有新构想产生、寻求支持、创意实行。为此，基于工程需求对创新行为影响的组织间关系调节效应影响模型如图 6 –12 所示。再通过多元调节回归分析方法对该调节效应影响模型进行检验。

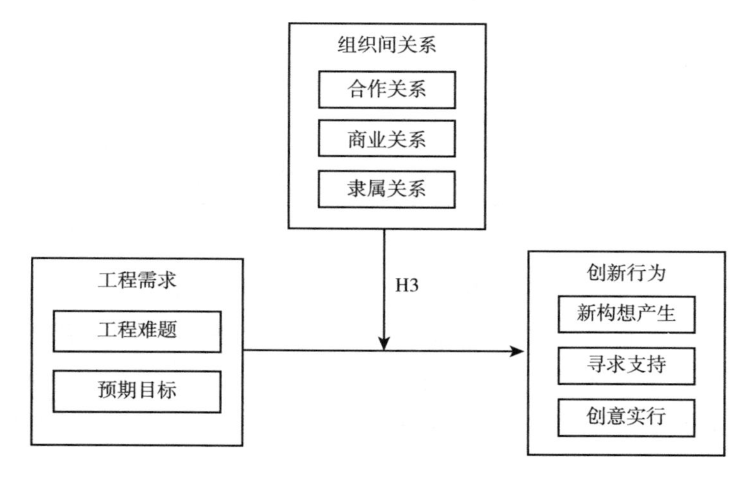

图 6 –12 基于工程需求对创新行为影响的组织间关系调节效应检验模型

如表6-26所示，模型1表示工程需求对创新行为的影响；模型2~模型4分别表示组织间关系的各因子（合作关系、商业关系及隶属关系）以及各因子与工程需求中心化后的交互项对创新行为的影响。

表6-26 基于工程需求对创新行为影响组织间关系调节效应的回归分析结果

指标		模型1	模型2	模型3	模型4
		创新行为			
		标准化系数Beta			
自变量	工程需求	0.581***	0.612**	0.635**	0.694***
调节变量	合作关系			0.314**	
	商业关系		0.315*		
	隶属关系				0365***
交互效应	工程需求*组织间合作关系		0.671***		
	工程需求*组织间商业关系			0.708***	
	工程需求*组织间隶属关系				0.725***
F值		102.853	106.305	107.745	115.841
F.sig		0.000	0.000	0.000	0.000
R^2		0.521	0.723	0.689	0.712

注：*表示P<0.05；**表示P<0.01；***表示P<0.001。

基于上述计算结果，模型2~模型4的R^2分别为0.723、0.689、0.712。且工程需求、组织间关系的各维度及工程需求与组织间关系各维度中心化交互后的标准化系数均显著，表明组织间关系在工程需求与创新行为间起到了正向调节作用。假设H3获得支持。

2. 基于人际关系对知识共享影响的组织间关系调节效应检验

从4.3.2节中基于社会关系的建设工程创新行为影响机理概念模型来看，不难发现，图4-1中存在组织间关系正向调节人际关系对建设工程个体知识共享影响的假设。且在6.1.2节的效度分析时，通过探索性与验证性因子分析，明晰组织间关系存在3个公因子，涉及组织间合作关系、商业关系及隶属关系。人际关系涉及认可关系、信任关系及亲密关系等。知识共享因子有显性知识共享与隐性知识共享。为此，基于人际关系对知识共享影响的组织间关系调节效应影响模型如图 6－13 所示。再通过多元调节回归分析方法对该调节效应影响模型进行检验。

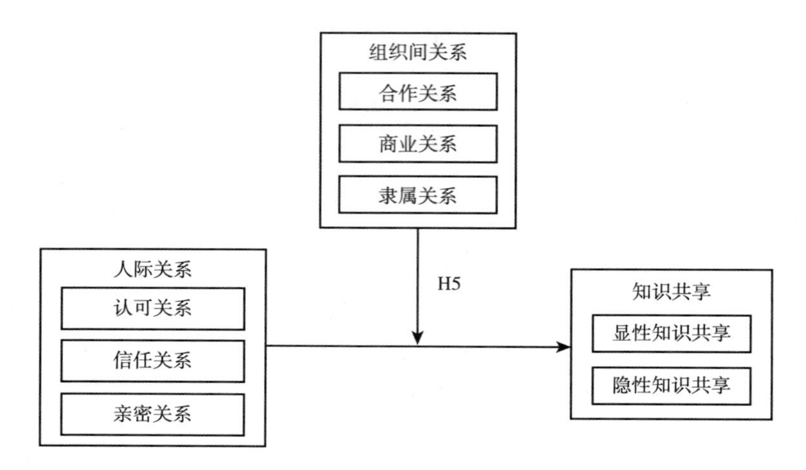

图 6－13　基于人际关系对知识共享影响的组织间关系调节效应检验模型

如表 6－27 所示，模型 5 表示人际关系对知识共享的影响；模型 6 ~ 模型 8 分别表示组织间关系的各因子（合作关系、商业关系及隶属关系）以及各因子与人际关系中心化后的交互项对知识共享的影响。

表 6－27　　　　组织间关系调节效应的回归分析结果

指标		模型 5	模型 6	模型 7	模型 8
		知识共享			
		标准化系数 Beta			
自变量	人际关系	0.427***	0.485**	0521**	0.494***
调节变量	合作关系			0.273**	
	商业关系		0.285*		
	隶属关系				0.312***
交互效应	人际关系 * 组织间合作关系		0.686***		
	人际关系 * 组织间商业关系			0.774***	
	人际关系 * 组织间隶属关系				0.823***
F 值		112.476	126.358	123.367	141.186
F. sig		0.000	0.000	0.000	0.000
R^2		0.469	0.693	0.658	0.701

注：* 表示 P<0.05；** 表示 P<0.01；*** 表示 P<0.001。

基于上述计算结果，模型6～模型8的 R^2 分别为0.693、0.658、0.701。且人际关系、组织间关系及人际关系与组织间关系各因子中心化交互后的标准化系数均显著，表明组织间关系在人际关系对知识共享间起到了正向调节作用。假设H5获得支持。

6.3 检验结果讨论

6.3.1 工程需求、人际关系对创新行为的主效应

1. 工程需求对建设工程创新行为的影响

基于回归分析与结构方程模型的方法，检验工程需求对建设工程创新行为的主效应，发现工程需求与建设工程创新行为之间的回归系数与结构方程模型中的结果，均呈现出工程需求对建设工程创新行为主效应影响模型的拟合程度较高。这表明工程需求对建设工程创新行为有积极的影响。这与创新动力学说中的工程需求驱动创新观点一致。此外，张镇森（2014）指出建设工程创新的关键影响因素有工程需求、创新资源投入等，并通过建设工程创新典型案例验证工程需求是工程创新的核心驱动力。王孟钧（2015）认为工程需求是工程建设过程中遇到的技术难题，亟须各参建主体的联合攻关与协同创新。

本书的工程需求包括建设过程中的工程难题、预期目标。工程难题是建设工程创新的直接需求。工程难题主要有建设工程中所面临的复杂的工程地质环境、工程技术难点及工程管理难题等内容，直接决定建设工程的技术与管理创新。预期目标是对建设工程创新的期望，如通过技术创新有助于项目成功，缩短工期，降低工程成本等预期目标；同时，企业发展目标则可通过在工程建设过程中进行创新，为同类项目的推广提供技术支撑，提升自身技术竞争力，促进企业的发展。

2. 人际关系对建设工程创新行为的影响

基于回归分析与结构方程模型的方法，检验人际关系对建设工程创新行为的主效应，发现人际关系与建设工程创新行为之间的归回系数与结构方程

模型中的结果，均呈现出人际关系对建设工程创新行为主效应影响模型的拟合程度较高。这表明人际关系对建设工程创新行为有积极的影响，也与以往类似研究结果趋于一致。如何斌（2013）在知识性企业中发现，人际信任关系对员工的创新有显著影响；张和哈特利（Zhang and Hartley，2018）基于中国制造业出口的中小企业的调查分析，认为人际关系决定了企业的创新能力，有助于企业创新资源的获取。

更进一步分析发现，产生这种结果原因有两个方面。一方面，在中国特殊的体制与文化背景下，人际关系常被视为社会生活中获取优质资源或竞争优势的关键渠道（Davies，1995）。知识型员工在进行创新活动过程中，通过合理利用人际关系获得异质性创新资源与构想；另一方面，建设工程创新实际上是建设工程创新个体间的协同创新，强调创新个体间的创新思想、资源的协同。同时，人际关系中的信任与亲密关系通过彼此间相互信任，积极分享各自的创新构想，从而有助于创新个体间创新思想的完善与形成；认可关系基于彼此的认可与肯定，促进创新思想的进一步推广。因此，创新个体间往往可通过人际认可关系、信任关系、亲密关系等触发个体的创新行为。

6.3.2 知识共享的中介效应

1. 显性知识共享的中介效应

基于回归分析与结构方程模型的方法，检验显性知识共享在人际关系对建设工程创新行为影响中的中介作用，却发现显性知识共享在人际关系对建设工程创新行为影响中的中介作用不显著。产生这一结果的主要原因是人际关系对建设工程中显性知识共享的作用不显著。达纳拉吉等（Dhanaraj et al.，2004）基于企业层面的知识共享，进而分析了显性知识共享的具体表现形式，主要有书面技术知识、管理知识及流程手册等。而建设工程创新中的个体显性知识共享主要是主动向其他创新个体推荐与创新相关的期刊论文、著作和专利，以及创新活动中具有指导意义的文档。这些显性知识对于其他具备创新能力的个体来讲，较容易获取。人际关系对显性知识共享的影响不够明显。因此，在人际关系与建设工程创新行为间存在显性知识共享的中介效应不显著。

2. 隐性知识共享的中介效应

为了揭示隐性知识共享在人际关系与建设工程创新行为间的中介效应，在回归分析初步检验的基础上，特运用结构方程模型再次验证三者间存在的基本关系。计算结果表明，人际关系与建设工程创新行为间所存在的隐性知识共享的中介效应十分显著。这与已有学者的观点不谋而合。如王艳子等（2011）以组织认同与自尊视为影响创新行为的关键因素，再引入知识共享中介变量。研究结果表明知识共享在组织自尊与创新行为间具有部分中介效应。再进一步分析不难发现，良好的人际关系体现在创新个体间乐于沟通与频繁沟通。拓展创新个体之间的交流深度，从而有助于隐性知识的共享。创新个体都乐于分享自身的经历，并结合以往创新经验，积极提出创新思想，为建设工程创新方案形成贡献力量。

6.3.3 组织间关系的调节效应

1. 基于工程需求对建设工程创新行为的组织间关系调节效应

为论证组织间关系在工程需求对创新行为影响中起到的调节作用，采用多元调节回归分析来检验调节效应。强调其他调节不变情况下，验证组织间关系与工程需求的乘积项。检验结果发现组织间关系在工程需求与建设工程创新行为间存在显著的调节效应。更进一步分析发现，产生这种结果原因在于良好的组织间关系有助于各组织积极响应工程需求，并在工程需求的驱动下，通过组织协调，创新个体分享等多种方式进行创新资源的集成与利用，从而更加激发建设工程创新行为。

2. 基于人际关系对建设工程创新个体知识共享的组织间关系调节效应

为论证组织间关系在人际关系对建设工程创新个体知识共享的影响中起到的调节作用，采用多元调节回归方法，分析该3个潜在变量间的内在关系。强调在其他条件不变的情况下，验证组织间关系变量、组织间关系与人际关系的乘积项。检验结果发现组织间关系在人际关系与建设工程创新个体的知识共享间存在显著的调节效应。更进一步分析发现，产生这种结果原因在于良好的组织间关系有利于人际关系的维护，可以减少建设工程创新个体在进行知识分享时的顾虑，促进知识共享量的提高与创新个体间的知识优势互补，从而提升建设工程创新的总体水平。

6.4 本章小结

本章节的实证检验涉及数据统计分析、机理模型假设检验及结果讨论等内容。基于数据统计方法，进行信度、效度分析，如借助SPSS软件，检验样本的信度效果发现：工程需求、人际关系、组织间关系、知识共享及创新行为的量表系数均在0.7以上，各量表具有良好测量信度；运用索性因子与验证性因子分析方法，检验测量量表的结构效度，检验结果良好。再运用回归分析、结构方程模型等方法进行机理模型假设的验证。研究结果发现：工程需求、人际关系对建设工程创新行为具有主效应影响；知识共享在人际关系对建设工程创新行为影响中具有中介效应；组织间关系在工程需求对建设工程创新行为的影响，以及人际关系对知识共享的影响中均具有调节效应。最后，基于检验结果，结合已有文献与建设工程创新情境，进行深入讨论与分析。

第7章　仿真分析：基于计算实验方法

为深入刻画与动态分析社会关系对建设工程创新行为的影响，基于计算实验理论，借助 Netlogo 仿真平台，对建设工程项目中个体创新行为及其外界组织环境，进行仿真模型构建与假设设定。并通过单因素与多因素的仿真模拟，更加深入观察、分析潜在变量（工程需求、人际关系、组织间关系及知识共享等）对建设工程创新行为的影响，进一步验证基于社会关系的建设工程创新行为影响机理。并综合实证分析，提出管理启示。

7.1　计算实验基本理论

7.1.1　计算实验方法

1. 内涵界定

从哲学的视角，科学实验有“实际”和“虚拟”两种实验情形（赵时亮，1999）。鉴于历史上技术条件限制，虚拟实验仅存在于脑海中，故又称为思想实验。它仅依托基本科学原理，基于逻辑推演构建物质运动轨迹及揭示其基本规律（刘端直，1995）。随着信息技术的发展，推动了新的计算实验方法的诞生。它是利用先进计算机技术，构建所研究的现实世界的仿真实验环境、平台与对象，以期探究事物运动规律，解答科学问题的一种计算机技术与思想实验相结合的方法（张军，2010；盛昭瀚等，2009）。从复杂系统的视角，计算实验方法是一种以综合集成思想为主导，综合复杂系统、系统演化等理论，借助计算机技术平台，实现社会系统按照特定规则转化为人造社会系统，并深入探讨其动态发展规律的分析方法（丁翔等，2015；盛昭瀚等，2015）。

2. 研究框架

计算实验方法采用自下而上的研究思路，以研究人员为核心，综合运用多种方法构建社会系统的综合集成研究框架，见图 7－1。基于人造社会系统思想的指导，计算实验方法将处在实际情形下的现实社会系统转化为相互作用网络结构下的人造社会系统，强调以人造主体为核心，借助计算机技术构建虚拟抽象的人造社会系统，且可将该人造社会系统视为现实社会系统在计算机中的虚拟映射。通过一定的程序设置，将人造主体按照特定规则在人造虚拟社会环境中进行基本的社会活动。基于人造主体间的交互作用，促使人造社会系统内部各种复杂行为在研究人员的控制下能自主地涌现出来。

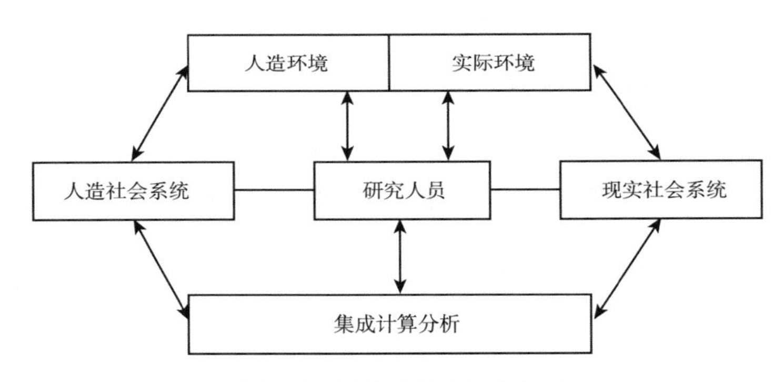

图 7－1 计算实验的研究框架

7.1.2 Netlogo 仿真软件

Netlogo 软件于 1999 年首次推出（Uri Wilensky）。它是一种用于模拟真实自然和社会领域内各个复杂对象行为活动与演化规律的建模仿真平台。随后美国西本大学的研究中心对该仿真平台进行继续地升级和完善。为此，本书运用的仿真平台是 Netlogo4. 0. 2 版本。Netlogo 仿真软件平台基于经济学、社会学、心理学及管理学等各领域，编制对应的模型库。模型库中存在大量的仿真模型范本，可供研究者学习与借鉴。

Netlogo 软件由海龟（turtle）、瓦片（patch）、观察者（observer）和连接

（links）等四大主体构成，见图7-2。海龟是基于计算机技术所虚拟的小世界中具有自由移动功能的人造主体；瓦片是虚拟小世界中不具备移动功能的背景；观察者是指现实中的研究人员，通过编写、执行代码指令，控制虚拟小世界空间的发展与演化；连接是虚拟小世界中人造主体间（海龟间）按照特定规则所发生的联系，也伴随有信息的流动与传递。它们之间会产生信息的传递。

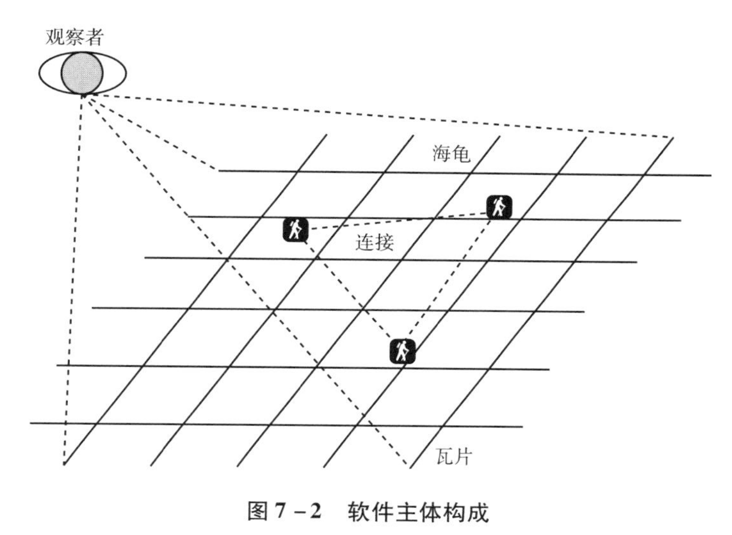

图7-2　软件主体构成

7.2　仿真设计

7.2.1　建模思路与仿真模型

1. 建模思路

基于复杂系统创新理论，建设工程创新活动是一种复杂的创新过程，涉及多个创新组织、个体及资源要素以及它们在创新内外环境中交互作用等情境，较难使用普通方法对其分析。为此，将计算实验理论引入建设工程创新活动的复杂现实系统中。在分析现实建设工程创新系统主体、功能、目标、环境等基础上，明晰多智能建模思路见图7-3。研究过程以现实建设工程创新系统为原型，基于虚实结合、人机交互的规则，提炼、抽象出建设工程创新的多智能主体系统，建立现实系统与计算机虚拟系统间的联系。并在多智能主体的计算机平台上设置个体创新行为影响变量以及个体创新行为的交互原则，利用计算机数据存储与处理能力，分析建设工程创新行为及创新成果，为揭示社会关系对建设工程创新行为影响的动态变化提供一定科学理论的支撑。

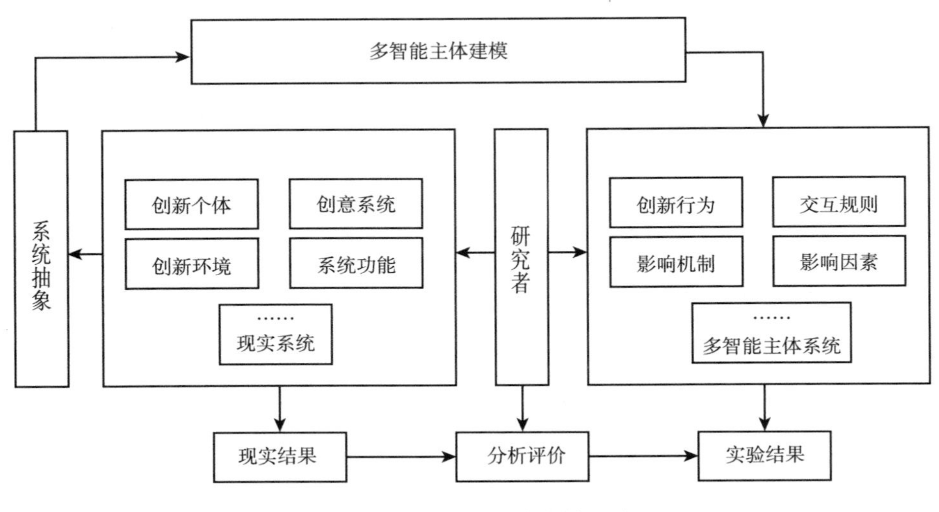

图 7－3　多智能主体建模思路

2. 仿真模型

本书模型是由 Netlogo 模型库中的“羊吃草”模型改编而成。具体描述为：在 Netlogo 仿真平台中，创新个体往往由海龟或者白羊表示；创新资源由瓦片或绿草表示，且创新资源有最大临界值。创新个体通过主动寻找或相互交互获得创新资源，开展建设工程创新活动。但创新资源获取过程，创新主体也需消耗相应的行为成本。再结合不同影响因素的作用下，如人际关系不和谐、交流互动不畅等，会导致创新资源的获取较为艰难，乃至创新活动无法顺利开展。通过不同影响因素参数的设置，经过时间的推移，观察建设工程创新个体与创新成果数量的变化，展示创新个体在各影响因素的不同作用强度下创新活动的开展情况，从而实现不同影响因素对建设工程创新行为的模拟仿真，揭示各前因变量对建设工程创新行为的动态影响。

7.2.2 研究假设及仿真流程

1. 研究假设

（1）模型的基本假设。假设一：草蕴含着开展建设工程创新活动所需的丰富知识资源；假设二：白羊代表创新主体。蒋天颖（2014）认为创新组织或个体可将有用的创新资源吸收、转化为自身资源。即创新主体通过在草中移动或与其他创新主体协同中获得资源，同时也会为此消耗相应成本；假设三：当创新主体的知识积累到预期阈值时，通过付出相应创新成本，产出创新成果。

（2）建设工程创新过程的假设。假设一：建设工程创新需求驱动创新行为，从而参建个体在建设工程情境中搜寻创新资源；假设二：建设工程创新是一种复杂系统的产品创新，需要创新主体间的协同。罗米恩（Romijn，2012）也认为当某个创新主体认识到缺乏另一企业具备的知识时，将会与另一创新主体进行互动，以取得自身发展所需的知识，并加以判断、吸收与应用；假设三：工程需求、人际关系、组织间关系、知识共享等通过不同途径影响建设工程的创新行为。

2. 仿真流程

为使仿真分析过程更为清晰，所以有必要剖析人际关系、工程需求、组织间关系及知识共享对建设工程创新活动开展的影响过程。设计建设工程个体的创新行为在不同影响因素作用下仿真流程见图7－4。建设工程创新实际上是创新个体间协同创新的过程，主要分3个阶段：创新构想产生、寻求支持、创意实行与成果产出。各创新个体依据自身创新能力提出创新构想，并利用人际关系或组织间关系来寻求支持，进而获得公共知识或其他主体的知识，且创新个体间知识共享有助于个体间的协同创新。建设工程创新个体的知识存量也不断提升。当到达所设定的阈值时，创意将被实行，形成对应的创新成果。

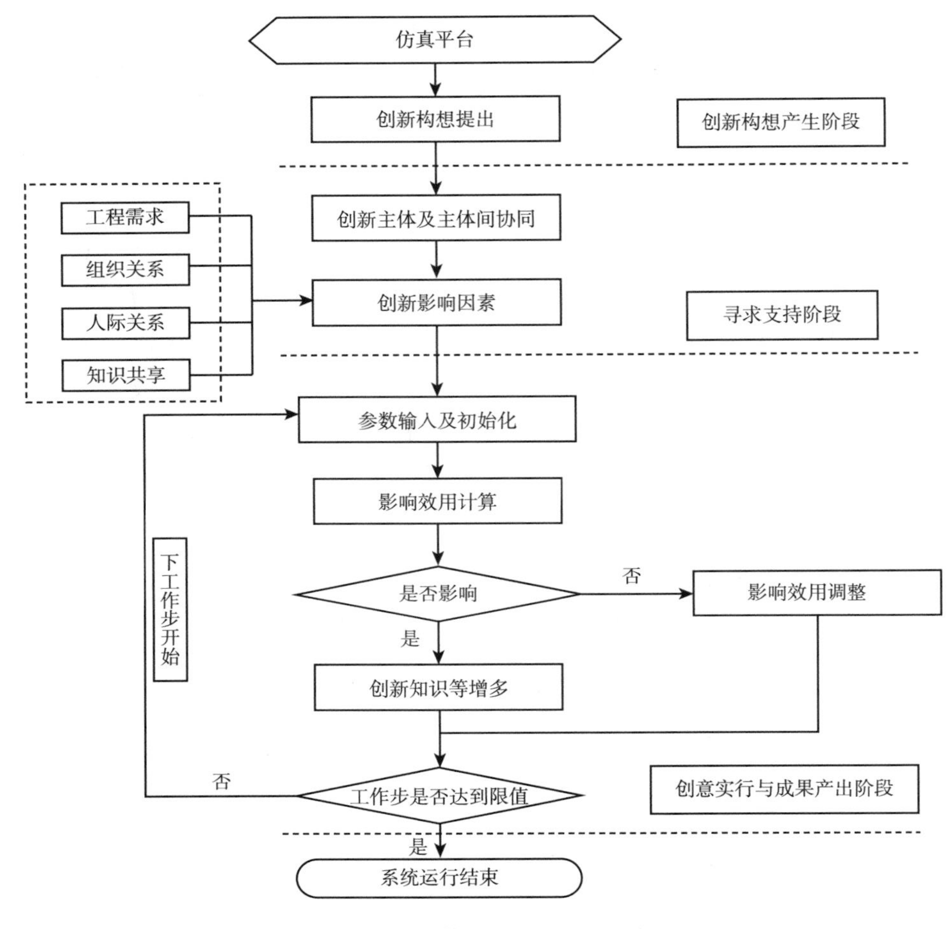

图 7－4 计算实验方法运作流程

7.2.3 参数设置及界面展示

1. 参数设置

（1）基本情境参数。基本情境参数是建设工程创新活动所涉及的基本情境要素的基本参数，主要包含建设工程创新个体能力、能力增长率、工程需求、人际关系、组织间关系、所共享的最大知识量等。具体参数设置情况如表 7－1 所示。

表7-1 基本情境参数设置情况

参数名	英文代号	设定值	取值范围	是否可调
创新个体能力值	innovative individual ability value	350	[0-500]	可调
创新个体能力增长率	innovative individual ability growth rate	1.1	[1-2]	可调
工程需求值	engineering demand value	65	[0-100]	可调
人际关系值	interpersonal relationship value	60	[0-100]	可调
组织间关系值	inter-organizational relationship value	50	[0-100]	可调
知识共享值	knowledge sharing value	50	[0-100]	可调

创新个体能力值：衡量创新个体创新实力的值。初始值默认为350；取值范围［0-500］。能力值越大，则表明个体创新实力越强。但在建设工程创新活动中消耗成本会减弱个体能力值。当能力值在0以下时，则创新个体会消亡。即创新个体已成为普通个体，不具备创新能力。

创新个体能力增长率：表示创新个体能力增长的速率。初始值默认为1.1；取值范围［1-2］。

工程需求值：判断建设工程创新需求驱动的水平。初始值默认为65；取值范围［0-100］。工程需求值越大，表明个体创新动力越十足，有利于创新个体积极从事工程创新活动。

人际关系值：衡量社会行动者（创新个体）人际圈资源的水平。初始值默认为60；取值范围［0-100］。在人际关系初始默认值之上，则表示人际关系资源十分广泛，有利于创新个体获得异质性创新资源；反之，在人际关系初始默认值之下，则表示人际圈资源十分有限，不利于创新个体获得异质性创新知识。

组织间关系值：衡量创新个体所在组织间交互关系值。初始值默认为50；取值范围［0-100］。在组织间关系初始默认值之上，则表示组织间关系联系紧密，有利于及时响应工程需求，推动个体积极参与建设工程创新活动；反之，在组织间关系初始默认值之下，则不利于推动个体积极参与建设工程创新活动。

创新个体知识共享值：衡量创新个体交流时所共享的知识量。初始值默认为50；取值范围［0-100］。在知识共享初始默认值之上，则表示个体间知识共享程度较高，利于推动建设工程创新成果的转化，推动个体积极参与建设工程创新活动；反之，则不利于建设工程创新活动。

（2）创新活动过程参数。

①创新构想产生阶段。创新源于创造性思维的构想。创新个体针对工程需求，在创造性思维的引领下，提出创新构想。因此，创新个体的数量及其初始知识储量决定创新构想产生。创新构想产生阶段的参数设置情况如表7－2所示。

表7－2　　　　创新构想产生阶段的参数设置情况

参数名	英文代号	设定值	取值范围	是否可调
创新个体初始量	innovative individual initial amount	50	[0－100]	不可调
生长率	growth rate	1%	[1%－5%]	可调
个体初始知识存量	individual initial knowledge stock	随机	[0－200]	可调
移动成本	moving cost	15	[0－20]	可调

创新个体初始量：参与建设工程创新活动的个体初始数量。初始值默认为50；取值范围［0－100］。

生长率：创新个体的生长速率。初始值默认为1%；取值范围［1%－5%］。

个体初始知识存量：创新个体最初参与技术创新时的知识储备。初始默认值为取值范围内的随机值；取值范围［0－200］。

移动成本：创新个体为获得创新知识，而进行移动中所付出的成本。移动成本与吸收公共知识量有关，移动中将会消耗创新个体部分能力值。初始值默认为15；取值范围［0－20］。

②寻求支持阶段。寻求支持阶段是在建设工程创新构想提出后，创新个体寻求他人对创新构想的支持，主要是获得知识资源的支持、个体间协同创新等。寻求支持阶段的参数设置情况如表7－3所示。

表7－3　　　　寻求支持阶段的参数设置情况

参数名	英文代号	设定值	取值范围	是否可调
获得公共知识值	grass gain	5	[0－10]	可调
获得其他创新个体知识值	sheep gain	12	[0－20]	可调
创新个体间能力水平差值	value-k2	80	[0－400]	可调
创新个体协同值	gooperate value	5	[0－10]	可调
知识转移成本	transfer cost	35	[0－100]	可调

获得公共知识值：从草中所获取的知识。即创新个体可从社会环境中所获取的公共知识数量。初始值默认为5；取值范围［0－10］。设定创新个体每移动一次将吸收1单元公共知识。

获得其他创新个体知识值：创新个体间的知识传递、分享量。初始值默认为12；取值范围［0－20］。

创新个体间能力水平差值：在建设工程创新空间中，随机相遇的两创新个体间能力水平的差值。初始值默认为80；取值范围［0－400］。

创新个体协同值：创新个体间的协同程度。初始值默认为5；取值范围［0－10］。在创新个体协同初始默认值之上，则表示协同程度较高，有利于减少创新资源交易费用与转移成本；反之，在创新个体协同初始默认值之下，则会增加知识转移的成本。

知识转移成本值：创新个体间知识传递、分享时所付出的成本。初始值默认为35；取值范围［0－100］。实际上，知识转移成本是与创新个体在协同过程中吸收的知识量相关。因为在知识转移过程中将会消耗主体部分实力值。

③创意实行与成果产出阶段。创意实行与成果产出是创新个体知识积累到达一定阈值，形成创意计划并实行，从而转化为创新成果的过程。所涉及的参数设置情况如表7－4所示。

表7－4　　创意执行与成果产出阶段的参数设置情况

参数名	英文代号	设定值	取值范围	是否可调
知识阈值	innovation-threshold	180	［0－300］	不可调
创意实行成本	innovate-cost	50	［0－100］	不可调
创意转化率	transform-value	0.7	［0－1］	可调

知识阈值：创新个体在实现创新行为应具备的知识最大累计值。初始值默认为180；取值范围［0－300］。

创意实行成本：创新个体在实行创意计划或方案时所付出的成本。初始值默认为50；取值范围［0－100］。创意实行成本与知识转化有关。在创意执行过程中会消耗部分知识，转化为创新成果。

创意转化率：创新个体将自身存储的知识转化为创意成果产出所需知识的比率。初始值默认为0.7；取值范围［0－1］。

2. 界面展示

依据上述研究假设与模型参数设定，借用 Netlogo4. 0. 2 仿真平台进行模型设置与调整，得到多因素对建设工程创新行为影响的计算实验模型仿真界面（如图 7 - 5 所示）。基于计算实验模型的构建，呈现建设工程创新活动的基本情景。在工程需求、人际关系、组织间关系及知识共享等因素作用下，观察建设工程创新知识如何被分享、转移及转化为创意方案，并实现创新成果产出的过程。

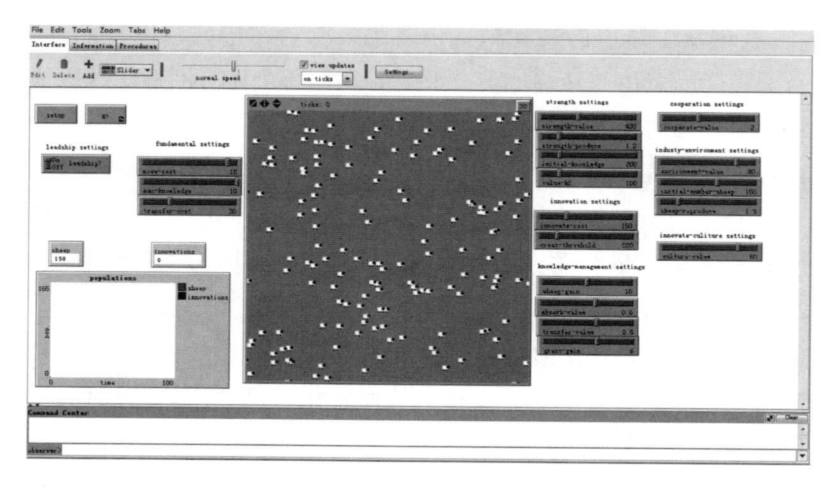

图 7 - 5　多因素对建设工程创新行为影响的计算实验仿真模型界面

7. 3　仿真结果分析及讨论

依据以上参数设置的初始默认值，开始运行仿真模型。为综合分析各因素对建设工程创新行为的单独影响和联合效应，首先，分别将人际关系、工程需求、组织间关系及知识共享等因素作为变量，单独分析其对建设工程创新成果量的影响；再分析工程需求与组织间关系、知识共享与组织间关系等多因素对建设工程创新成果量的联合效应；最后，分别讨论单因素影响与多因素影响的仿真结果。

7.3.1 单因素影响

1. 工程需求因素影响

以工程需求为自变量，其他因素均始终保持原值。当工程需求为0时，表明没有工程创新需求，无工程创新活动。此情形下仿真结果如图7-6（a）所示。sheep表示的创新个体始终保持初始默认值无增长趋势，且无任何创新成果；当工程需求为40时，表明工程创新需求强度为一般情况。此时仿真结果如图7-6（b）所示。有新的创新个体加入创新活动，创新个体数量增加，并产生一定的创新成果；当工程需求为80时，表明工程创新需求强度较高。此时仿真结果如图7-6（c）所示。创新个体数量快速增加，并产生较多创新成果。可见，工程需求是建设工程创新的直接动力。在高需求引领下，参与创新活动的个体数量会增多，从而也会产生丰富的创新成果。

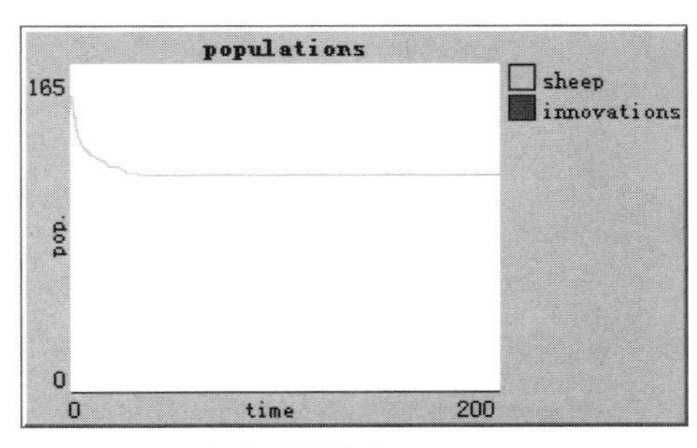

（a）工程需求=0

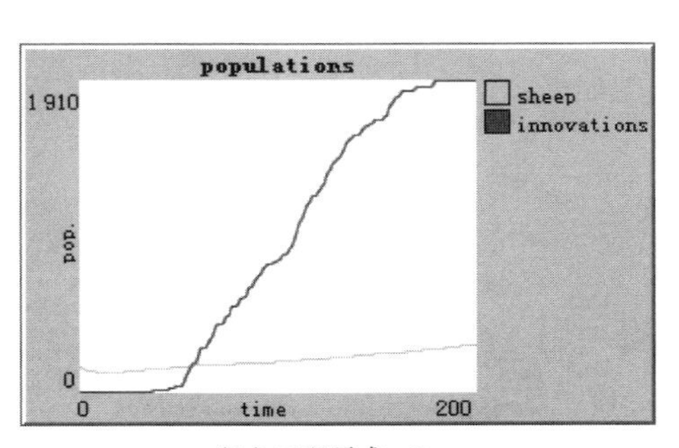

（b）工程需求=40

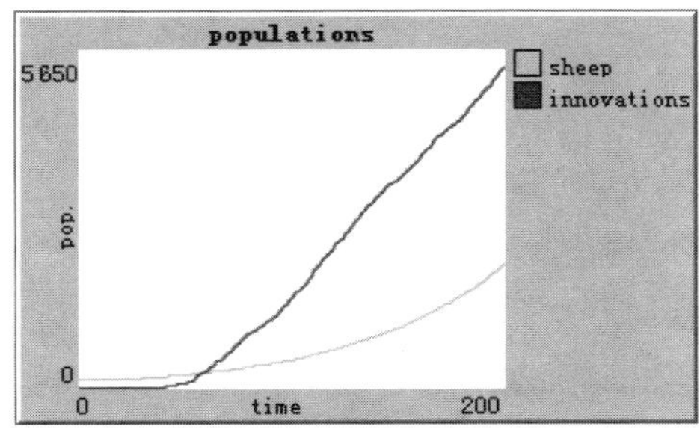

（c）工程需求=80

图7-6 工程需求变动时创新个体及成果变化

2. 人际关系因素影响

以人际关系为自变量，其他因素均始终保持原值。如图7-7（a）所示，当人际关系为40时，建设工程创新个体间的人际关系不太和谐，创新个体间的竞争意识增强，给创新异质性资源的获取带了难度，从而降低创新效率，创新成果较少；如图7-7（b）所示，当人际关系为80时，建设工程创新个体间的人际关系较为和谐，创新个体间的交流密切，各自愿意分享创新想法，有利于创新方案的拓展，增加创新成果取得的可能性。因此，人际关系作为创新个体间创意交流、分享及传播的纽带，有助于提升创新个体的创新能力及创新成果。

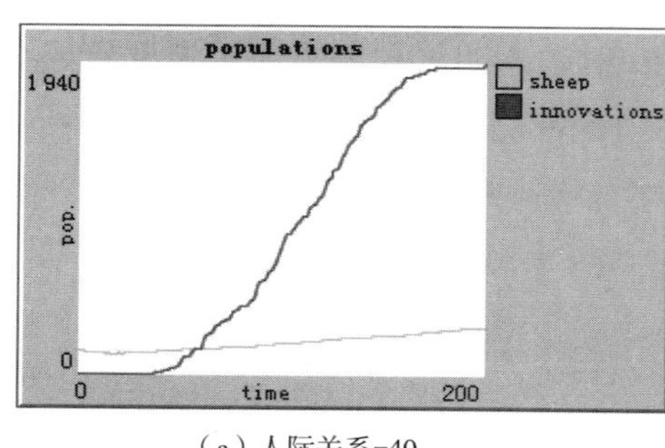

（a）人际关系=40

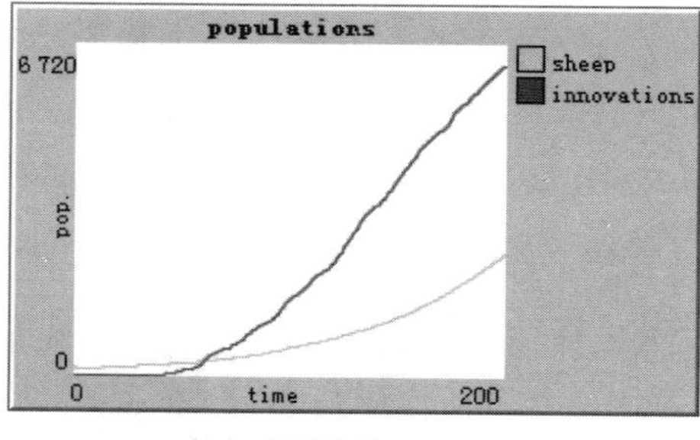

（b）人际关系=80

图7-7 人际关系变动时创新个体及成果变化

3. 组织间关系因素影响

以组织间关系为自变量，其他因素均始终保持原值。如图7-8（a）所示，当组织间关系为30时，建设工程创新个体各自所在的组织间关系不佳。创新个体从事建设工程创新活动时较为谨慎，未能实时响应工程需求。且增加信息、资源交换成本会降低创新效率；如图7-8（b）所示，当组织间关系为75时，建设工程创新个体各自所在的组织间关系良好。在良好组织间关系的氛围下，创新个体进行跨组织间的信息、资源交流较为通畅。增加创新个体的协同能力会提升创新绩效及成果。

4. 知识共享因素影响

以知识共享为自变量，其他因素均始终保持原值。当知识共享为25时，表示创新个体间知识共享程度不佳，创新成果数量不高。此情形下仿真结果如图7－9（a）所示；当知识共享为70时，表示创新个体间共享程度较高，有助于创新个体间的异质性知识的转移、吸收，从而转化更多的创新成果，仿真结果如图7－9（b）所示。可见，当知识共享为70时，知识共享是建设工程个体间协同创新的关键。创新个体间相互共享更多异质性知识，有利于提高建设工程创新效率，创造更丰富的成果。

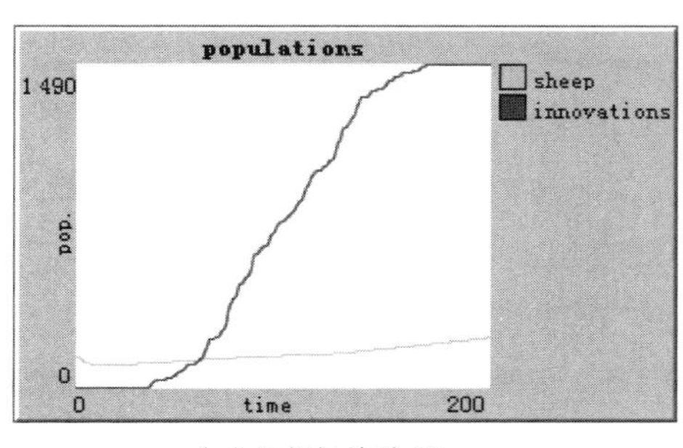

（a）组织间关系=30

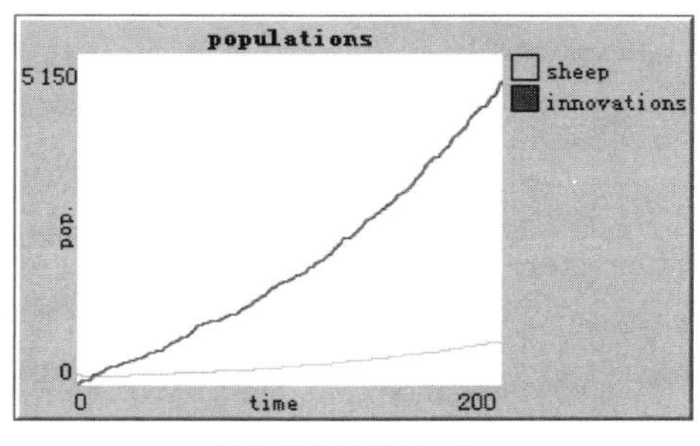

（b）组织间关系=75

图7－8　组织间关系变动时创新个体及成果变化

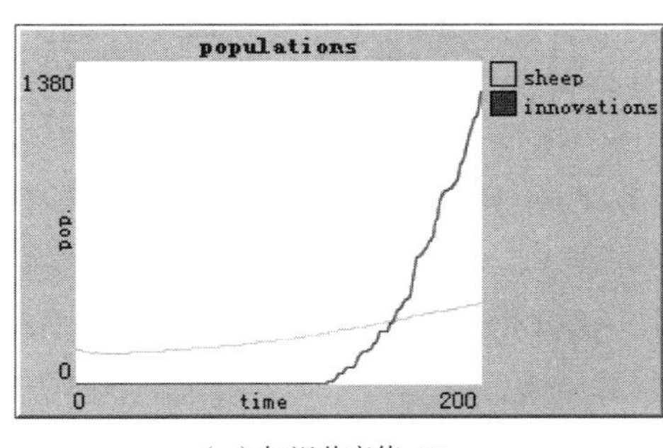

（a）知识共享值=25

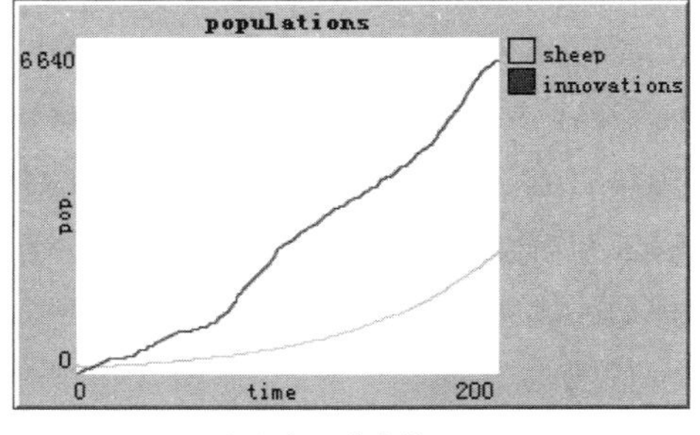

（b）知识共享值=70

图7－9　知识共享变动时创新个体及成果变化

7.3.2　多因素影响

1. 以工程需求与组织间关系为自变量

以工程需求与组织间关系为自变量，其他因素均始终保持原值。如图7－10（a）所示，当工程需求为80、组织间关系为75时，表示各创新个体的创新需求较高，各创新个体所在组织间关系较好。各组织都鼓励越来越多的创新个体积极响应创新需求，投身于建设工程创新活动中。创新成果数量可高达 8 000 左右；如图 7－10（b）所示，当工程需求为 80、组织间关系为 30 时，表示各创新个体所在组织间关系不佳，并不积极鼓励创新个体跨组织协同创新。但在工程创新需求较高的情形下，创新个体还是基于自身的创新能力被动参与工程创新活动。创新成果达到 3 500 左右；如图 7－10（c）所示，当工程需求为 40、组织间关系为 75 时，表示建设工程创新需求不高，创新个体对创新行为具有一定的选择性。但在组织间关系较好的情景下，创新个体受组织关系影响，为组织间的共同利益，努力开展创新活动。创新成果达到 4 000 左右；如图 7－10（d）所示，当工程需求为 40、组织间关系为 30 时，表示建设工程创新需求低，且各创新个体所在组织间关系不佳。在建设工程创新过程中创新个体创新的积极性较低，创新成果缓慢增长。创新成果数量仅达 1 600 左右。由此可见，尽管工程需求会驱动创新个体的创新行为，但组织间的关系是鼓励创新个体响应创新需求，积极与其他创新个体协同创新的关键。为此，在工程需求引领下的建设工程创新过程中，各创新主体应不断加强联系，培育组织间良好关系，保证建设工程个体协同创新行为的顺利实施。

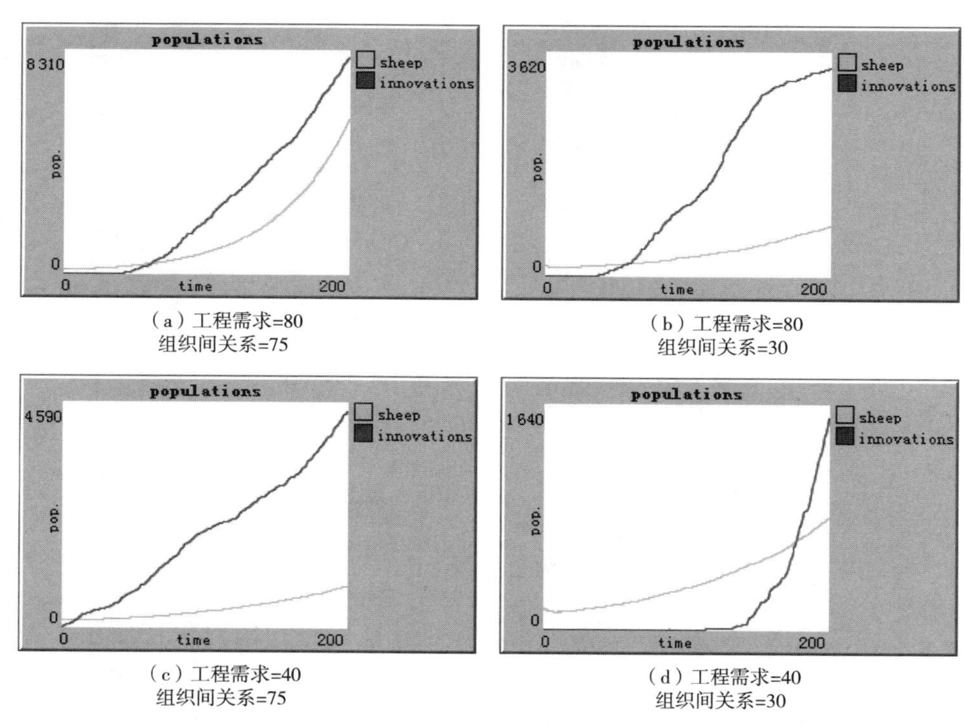

（a）工程需求=80
组织间关系=75

（b）工程需求=80
组织间关系=30

（c）工程需求=40
组织间关系=75

（d）工程需求=40
组织间关系=30

图 7－10　工程需求与组织间关系变动时创新个体及成果变化

2. 以知识共享与组织间关系为自变量

以知识共享与组织间关系为自变量，其他因素均始终保持原值。如图 7－11（a）所示，当知识共享为 70、组织间关系为 75 时，表示各创新个体间知识共享的数量多。且各创新个体所在组织间关系较好，各组织都鼓励越来越多的创新个体进行创新活动的交流与讨论，吸收、消耗交流过程中所涉及的隐性知识，极其有利于创新成果的产出。创新成果可高达 11 000 左右；如图 7－11（b）所示，当知识共享为 70、组织间关系为 30 时，表示各创新个体所在组织间关系不佳。但在所共享知识数量较多的情形下，在整个创新知识较为丰富的空间中，创新个体较为容易获得创新知识，从而提升创新个体的创新能力。创新成果达到 3 200 左右；如图 7－11（c）所示，当知识共享为 25、组织间关系为 75 时，表示建设工程创新活动中创新个体的知识共享量较低，不愿意分享自身的隐性知识。但在组织间关系较好的情境下，会积极提供组织间成员的交流平台，促进创新个体隐性知识的分享，增加创

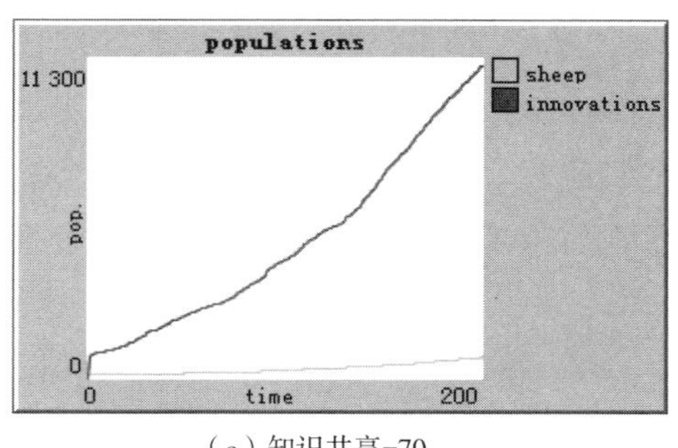

（a）知识共享=70
组织间关系=75

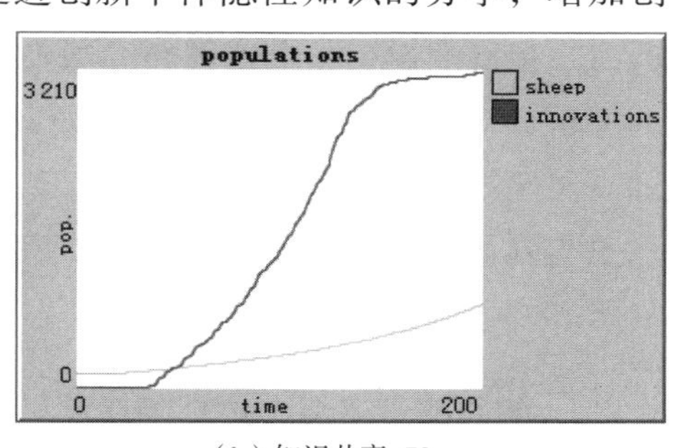

（b）知识共享=70
组织间关系=30

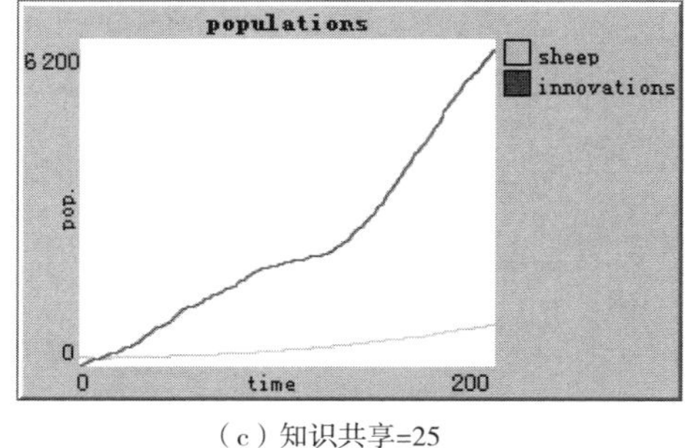

（c）知识共享=25
组织间关系=75

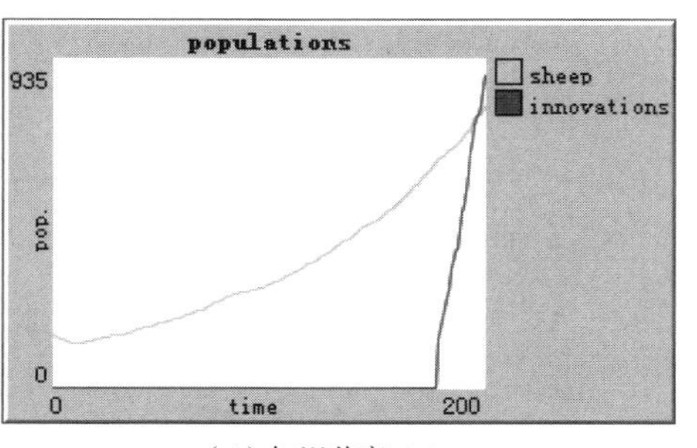

（d）知识共享=25
组织间关系=30

图 7－11　知识共享与组织间关系变动时创新个体及成果变化

新个体的协同程度。创新成果达到6 200左右；如图7－11（d）所示，当知识共享为25、组织间关系为30时，表示建设工程创新活动中创新个体的知识共享量较低。且各创新个体所在组织间关系不佳，导致创新成果缓慢成长。创新成果数量仅为900左右。由此可见，知识共享与组织间关系的交互作用，比起知识共享、组织间关系单因素能正向影响建设工程创新活动的效果更好。为此，在建设工程创新活动中，创新主体应主动建立跨组织间的个体交流平台，努力拓展组织间关系，确保建设工程创新活动有序开展。

7.4 管理启示

本书围绕"社会关系如何直接或间接通过工程需求、知识共享影响建设工程创新行为"的关键问题开展学术研究。通过实证检验与模拟仿真，不断揭示基于社会关系的建设工程创新行为影响机理。强调建设工程创新行为的激发，提出建设工程个体创新的激励机制；基于工程需求、人际关系、组织间关系及知识共享等因素对建设工程创新行为的影响及其作用强度，提出加强高层领导者对工程需求的响应与创新支持，主动培养、维护良好人际关系，注重与其他创新组织建立联系，鼓励、引导个体间的知识共享与学习等管理启示。

1. 建立建设工程个体创新激励机制

激励机制是促进建设工程项目中个体积极参与工程创新活动的重要手段。各创新相关单位在物质与精神两个层面上，制定一套行之有效的个体创新激励制度，倡导参建个体以岗位职责为基础，在做好本职工作的同时，结合自身工作经验，积极参与建设工程创新活动。创新相关单位应根据个体主动提出创新构想与新思路、改造新流程、创造新技术等创新行为，是否有助于顺利实现建设工程目标、显著提升企业经营效益，来评估个体创新价值的大小，并一律给予配套的物质或精神激励。常用的个体创新物质激励是设置创新奖。通过组织创新成果评选会，公开评选具有创新成果的个体，并给予奖金、奖品以及薪酬涨幅等物质激励；而个体创新精神激励则涉及对通过公开评选出的具有创新成果的个体授予"创新小能手""创新先进个人"等荣誉称号，并在表彰大会上颁发荣誉证书，以及培训学习等精神层面上的激励方式。最后，各创新相关单位通过物质和精神激励机制，激发建设工程个体持续创新行为，从而有助于提升各创新相关单位的创新水平，实现建设工程创新整体目标。

2. 加强高层领导者对工程需求的响应与创新支持

工程需求是一种复杂的、内涵丰富的创新行为影响因素，既表现为工程复杂环境、技术难点及管理问题等工程难题，又涉及技术创新目标、工程建设目标及企业发展目标等预期目标，甚至还体现在参建企业自身需求。而建设工程参建个体的创新行为具有主观性。这些工程需求有助于能促使个体产生创新想法与思路，但仍较难激发个体创新行为的实施。为此，还需加强工程管理者，尤其是高层领导者对工程需求的积极响应，采取一定的措施为工程创新提供支持，如加大资金与人员的投入；与其他相关单位加强技术合作与攻关等，为参建个体创新行为的实施提供有利条件，实现建设工程创新目标。

3. 主动培养、维护良好人际关系

良好人际关系是促进建设工程创新活动有序开展的必备条件。研究结果表明人际关系对建设工程参建个体的创新行为具有一定影响。结合现实人际交往过程，不难发现相互了解与熟悉是社会生活中人际交往的起点。频繁的交往与互动有助于增强社会行动者间的信任关系与亲密关系，为后续人际关系的升华奠定基础。为此，参与建设工程创新个体应主动培养人际关系。日常生活中尽可能多与创新的相关人员开展必要研讨、交流活动，经常相互拜访，积极维护所建立的友好关系，消除创新“搭便车”等机会主义倾向，努力朝相互信任、认同的方向发展，促进合作意愿和创意分享意愿的形成。

4. 注重与其他创新组织建立联系

组织虽是理性的，但研究结果发现，组织间关系在建设工程创新活动中具有重要作用。建设工程创新也是个体所属的多组织间的创新协同。中高层管理者作为建筑企业组织的代表，需基于自身优势，把握市场机会与竞争，利用多种渠道，以适宜的方式，加强与本企业创新相关的各利益相关者的联系，尤其是要加强创新协同组织中的高层管理者的联系。他们掌握创新组织的决策权与关键技术知识，与他们间开展创新合作与交流，有助于提升企业整体技术创新水平。同时，也应充分发挥、利用相关条件，从企业文化、环境等方面为与创新协同组织建立联系提供强有力的支持。

5. 鼓励、引导个体间知识共享与学习

知识共享是建设工程创新的重要影响因素。建设工程参建单位除了鼓励组织内部个体间的知识共享，还应引导跨组织间的个体知识共享。一方面，鼓励组织内部成员主动分享自身经验、技能等知识，促使组织内其他个体相互学习，提升组织的总体知识存量，提高组织整体创新能力；另一方面，引导组织内部个体通过社会关系，实现跨组织知识的共享与学习，提升建设工程个体创新水平。此外，建设工程各参建单位应为创新个体提供丰富的知识共享资源，如建立知识共享资料库；定期开展知识共享茶话会等，有助于创新个体知识的积累与创新能力的提升，确保创新绩效的实现。

7.5 本章小结

基于计算实验方法，明晰建设工程创新活动的情境建模思路。借助 Netlogo 仿真平台，构建多因素对建设工程创新行为影响动态仿真模型。通过研究假设与参数设置，增强仿真模型的适配度。运行仿真模型后，可通过创新个体数量、创新成果的变化，动态揭示工程需求、人际关系、组织间关系及知识共享等因素如何影响建设工程创新行为。基于仿真结果发现：较高的工程需求、和谐的人际关系、良好的组织间关系以及较高的知识共享程度，有助于参与创新活动的个体数量与创新成果的增加，以及建设工程创新绩效的提高。最后，综合实证检验与仿真分析的结果，提出管理启示：建立建设工程个体创新激励机制；加强高层领导者对工程需求的响应与创新支持；主动培养、维护良好人际关系；注重与其他创新组织建立联系；建立联系，鼓励、引导个体间知识共享与学习。

第8章　研究结论与展望

本书以建设工程创新活动为研究对象，聚焦于中国特色文化背景下的复杂社会关系（人际关系、组织间关系），围绕“社会关系（人际关系、组织间关系）如何直接或间接地通过工程需求、知识共享影响建设工程创新行为”的核心问题，通过文献研究、案例剖析、实证分析及建模仿真等方式，逐步揭示基于社会关系下，建设工程创新行为如何受到影响的“黑箱”。

8.1　主要研究结论

基于中国建设工程创新情境，通过科学知识图谱、案例分析、实证分析等多种研究方法，系统分析研究工程需求、社会关系（人际关系、组织关系）、知识共享等因素对建设工程创新行为的影响机理。所涉及的主要研究工作与结论如下：

1. 基于知识图谱的分析，探测建设工程创新、创新行为及社会关系等研究主题的发展路径与研究热点

知识图谱是定量分析文献的主流方法。本书依托国内外 Web of Science 与知网等权威数据库，检索与建设工程创新、创新行为及社会关系等主题相关的研究文献。针对文献数据，利用 SATI 等软件，统计数据的时间、作者及机构分布。并运用 Citespace 软件，进行文献被引、关键词等分析，并生成一系列知识网络图谱。通过深入解析知识网络图谱，探测建设工程创新、创新行为及社会关系等研究主题的发展路径与研究热点。

2. 基于案例与理论假设研究，构建基于社会关系的建设工程创新行为影响机理模型

案例探索是构建概念模型的有效方法；文献分析是提出研究假设的关键途径。本书选取 X 磁浮轨道交通工程和 Y 铁路工程等典型案例，进行案例剖析。经过案例内与案例间分析，提出预设命题“工程需求对建设工程创新行为具有驱动作用”和“组织间关系在工程需求对建设工程创新行为的重要驱动作用中具有正向影响”；再基于文献研究与理论分析，阐述工程需求与创新行为、社会关系与创新行为、社会关系与知识共享间的关系，提出相关研究假设；最后，综合案例研究所提出的预设命题与文献分析中的研究假设，构建基于社会关系的建设工程创新行为影响机理模型。

3. 基于实证分析，揭示基于社会关系的建设工程创新行为影响机理

机理是指系统结构中各要素在特定环境条件下相互作用的运行规则与原理。学术界一般都从机理组成要素及要素间的关系进行机理的解释。本书研究的基于社会关系的建设工程创新行为影响机理是指社会关系及其所涉及的其他因素，在建设工程创新活动情境下，对建设工程创新行为的内在影响关系。基于实证分析发现，建设工程创新行为受工程需求与社会关系的影响。社会关系中的人际关系既直接影响建设工程创新行为，又通过知识共享的中介作用影响建设工程创新行为；社会关系中的组织间关系调节工程需求对建设工程创新行为的影响，以及人际关系对知识共享的影响，从而逐步揭示基于社会关系的建设工程创新行为影响机理。

4. 基于仿真分析，探寻工程需求、社会关系及知识共享等因素对建设工程创新行为影响的动态变化

运用计算实验方法模拟仿真工程需求、社会关系及知识共享等因素对建设工程创新行为的影响。经过系统模型构建、仿真思路设计、模拟流程编排及基本参数设定，利用 Netlogo 软件进行计算实验演示，得出工程需求、社会关系及知识共享等方面参数变化对建设工程创新个体数量及成果产出所造成的不同影响，揭示出工程需求、社会关系及知识共享等因素对建设工程创新影响的动态变化。其中，工程需求、人际关系对建设工程创新影响十分明显；

而组织间关系与工程需求以及组织间关系与知识共享的交互作用，也有助于触发建设工程创新行为。这对建设工程创新活动管理具有重要的理论指导与实践启发。

8.2 创新点

社会关系如何影响建设工程创新行为，提升建设工程创新活动效率，备受中国学术界与实践界的关注。本书基于中国特色文化及建设工程创新情境，研究基于社会关系的建设工程创新行为影响机理及仿真。主要创新点如下：

1. 拓展对建设工程创新行为研究的新视角

社会关系是中国特色文化的组成部分之一，但与其相关的研究尚未引起重视。社会关系对建设工程创新行为的影响未见报道。本书基于中国特色文化及建设工程创新情境，以建设工程创新行为为结果变量，重点研究工程需求、社会关系（人际关系、组织间关系）、知识共享等潜在变量对建设工程创新行为的影响。通过运用回归分析、结构方程模型等方法，验证影响机理模型中的研究假设，探讨工程需求、人际关系对建设工程创新影响的主效应、知识共享的中介效应及组织间关系的调节作用。深化基于社会关系的建设工程创新行为影响机理的科学认识，揭示建设工程创新行为受社会关系的直接影响以及通过工程需求、知识共享的间接影响，拓展了建设工程创新行为研究的新视角。

2. 科学提炼潜在变量测量量表

管理学界对潜在变量测量量表的提炼，主要通过文献研究的方式，找到类似潜在变量的量表，并直接借鉴或改良该类量表。抑或是通过现场调研的方式，进行测量量表的提炼。鲜有学者将二者结合起来，科学提炼潜在变量的测量量表。为了科学提炼潜在变量量表，广泛阅览中外数据库，抽取与潜在变量相关的重点文献进行深入阅读，并逐一进行摘录、编码及分析，完成对潜在变量的初步认识。采用项目调研的研讨会形式，依据理论构思，以循环追问的形式，引入研讨主题。逐层诱发研讨专家、创新管理者等对象对潜在变量的理论认知，提高潜在变量测量题项的可行度与质量。最终，通过利用扎根理论中的三级编码（开放式编码—主轴式编码—选择式编码），整合所获取的资料，科学提炼所研究的潜在变量测量量表。

3. 创造性构建动态仿真模型

针对建设工程创新，构建其认知模型、过程模型的研究在国内外均有体现。但关于建设工程创新行为的动态建模鲜有学者研究。本书基于计算实验理论，在Netlogo平台中，创造性构建各因素对建设工程创新行为影响的动态仿真模型。模拟单因素与多因素等不同变量影响下创新个体与创新成果的数量变化，更加深入观察、分析前因变量（工程需求、人际关系、组织间关系及知识共享等）对建设工程创新行为的影响。进一步验证实证分析结果，展现工程需求、社会关系及知识共享等因素对建设工程创新影响的动态变化。

4. 实现研究方法的创新

紧扣“基于社会关系的建设工程创新行为影响机理及仿真研究”的主题，依托建设工程创新现实背景，基于案例与理论假设研究，构建基于社会关系的建设工程创新行为影响机理概念模型。运用回归分析、结构方程模型等实证研究方法揭示社会关系、工程需求、知识共享及创新行为等变量间的静态关系；再通过计算实验模拟仿真方法探索这些变量间的动态关系，分析结果相互验证与呼应，形成社会关系对建设工程创新行为影响的完整解释，实现方法论层面的创新。

8.3 研究局限及展望

8.3.1 研究局限

借助实证研究与模拟仿真的方式，探索基于社会关系的建设工程创新行为影响机理。鉴于该研究具有一定的复杂性，这对本书科学严谨的研究范式提出挑战，特别是在调查样本与仿真过程中存在一定的研究局限。

1. 调查样本的局限

针对参与建设工程个体进行问卷样本采集，仅局限在全国范围内，并未涉及其他国家样本的收集。因此，关于基于社会关系的建设工程创新行为影响机理的研究结论适用性，仅局限于我国建设工程创新情境，较难适用于“一带一路”背景下中国建筑企业走出去后在国外的建设工程创新活动。

2. 仿真过程的局限

实际上，所构建工程需求、人际关系、组织间关系及知识共享等多因素对建设工程创新影响的计算实验仿真模型，其运行流程未能与建设工程创新主体实际的影响路径高度相似。在仿真过程中所涉及的创新资源要素中只考虑了知识资源，未考虑其他创新资源、各创新主体不同实力及各主体间竞争对创新资源转移效率的影响。

8.3.2 未来展望

本书基于中国特色文化及建设工程创新情境，试图探索基于社会关系的建设工程创新行为影响机理，取得一些创新性结论。但随着研究的深入，发现关于社会关系与建设工程创新行为仍有很多研究问题值得未来深入探索：

（1）本书仅探索社会关系、工程需求及知识共享的前因变量对建设工程创新行为的影响。实际上，建设工程创新所涉及前因变量还可以从其他方面挖掘与分析。如未来可从个体、团队及组织等不同层面，分析其他前因变量对建设工程创新行为的跨层次影响机理研究。

（2）关于社会关系的分析，本书基于建设工程创新情境，界定社会关系及其测量量表。未来可从关系价值的视角，分析社会关系所带来的价值情境；基于关系互利（如经济互利、人际互利、组织互利），构建社会关系价值的理论模型，最大限度实现社会关系价值。

（3）创新绩效是诸多学者研究的重要主题，已有学者研究人际关系对创新绩效的影响。但随着人际关系的发展或者组织间关系的发展，个人或组织间的关系逐渐形成社会关系网络。鲜有学者关注社会关系网络嵌入对建设工程创新绩效的影响。为此，未来可结合网络组织理论，基于网络嵌入的视角，分析社会关系网络嵌入对建设工程创新绩效的影响。

附录　调查问卷

基于社会关系的建设工程创新行为影响机理研究
调查问卷

尊敬的先生/女士：

您好！

为分析社会关系对建设工程创新行为的影响，涉及工程需求、人际关系、组织间关系、知识共享及创新行为等潜在变量，诚邀您帮助填写本量表。本问卷不记名，我们保证仅用于学术研究，不会向任何人泄露您的个人信息，且不涉及任何商业用途。恳请您给予协助。谨此表示衷心感谢！

请您根据实际情况对下列问题进行相应选择。答案完全不同意、较不同意、不太确定、较同意、完全同意等五个标准分别代表从1、2、3、4、5分。每个人对问题均有不同看法，且工程经历不同，故答案不存在对错之分。请只选择一个答案，对于从未思考过的问题，也尽可能做出选择，请勿遗漏。

敬祝：

身体健康！工作顺利！

中南大学工程管理研究中心

第一部分：个人基本信息

1. 性别：□男　　□女
2. 学历：□大专以下　　□大专　　□本科　　□硕士　　□博士及以上

3. 工作年限：□5 年以下 □6～10 年 □11～15 年
□16～20 年 □20 年以上

4. 工作单位：□政府部门 □工程业主 □设计单位
□施工单位 □监理单位 □材料设备供应商
□咨询公司 □学校/科研机构 □其他：

5. 参与工程：□铁道工程 □公路工程 □房屋建筑工程
□桥梁工程 □港口工程 □其他：

6. 工作岗位：□高管 □中层管理者 □基层管理者
□技术人员 □一般员工

第二部分：测量量表

一、工程需求量表

序号	题　　项	完全不同意	较不同意	不太确定	较同意	完全同意
1	建设工程结构设计十分复杂，对当前施工工艺提出挑战					
2	建设工程地质环境极其复杂，当下设计勘探技术未能解决问题					
3	在工程建设过程中存在诸多工程技术难点问题					
4	由于建设工程具有公益性等特点，须对传统的管理模式进行创新					
5	基于建设工程项目融资模式的创新，导致工程管理模式的转变					
6	为了建设工程项目的顺利实施，项目起初就设定技术创新目标					
7	通过建设工程技术创新，顺利实现建设工期、成本、安全、质量及环境等目标					
8	通过建设工程技术创新，实现企业发展目标					

二、人际关系量表

序号	题　　项	完全不同意	较不同意	不太确定	较同意	完全同意
1	在建设工程创新活动中，我与其他成员常肯定对方所做成绩					
2	在建设工程创新活动中，我的意见经常被其他创新人员所采纳					
3	在建设工程创新活动中，我与其他成员可以自由地交换个人看法与建议					
4	在建设工程创新活动中，我与其他成员经常彼此坦诚相待					
5	在建设工程创新活动中，我与其他成员间亲密合作					
6	在建设工程创新活动中，我与其他成员间联系紧密					

三、组织间关系量表

序号	题　　项	完全不同意	较不同意	不太确定	较同意	完全同意
1	在建设工程创新过程，本创新主体与其他创新主体有以往的合作经历，从而加强两组织间的互信					
2	在建设工程创新过程，本单位与其他某个单位是合作伙伴关系					
3	在建设工程创新过程，本创新主体与其他创新主体签订创新战略协议					
4	在建设工程创新过程，本创新主体与其他创新主体存在正式合同关系					
5	在建设工程创新过程，本创新主体与其他创新主体存在企业隶属关系					

四、知识共享量表

序号	题 项	完全不同意	较不同意	不太确定	较同意	完全同意
1	在建设工程创新中，我主动向其他创新个体推荐与创新相关的期刊论文、著作和专利进行学习					
2	在建设工程创新中，我主动向其他创新个体推荐与建设工程创新有关的工作文档					
3	在建设工程创新中，我与其他创新个体通过电话或者网络通信工具（如微信、QQ 等）讨论、相互交流工作问题					
4	在建设工程创新中，我与其他创新个体在项目餐厅、聚会等非办公场所分享工作经验					
5	在建设工程创新中，我与其他创新个体参与工作报告会、经验交流会、项目研讨会等正式集体活动					
6	在关于建设工程创新正式会议上表达自己的观点和思想、提出方案并参与讨论					
7	在建设工程创新中，我经常与其他创新个体参加培训或讲座等学习活动					

五、创新行为量表

序号	题 项	完全不同意	较不同意	不太确定	较同意	完全同意
1	在日常工作中，我具有创新性思维					
2	面对工程问题，我在工作中时常会产生新的想法或新的解决问题的办法					
3	面对工程问题，我尽力尝试提出新方案					
4	在建设工程创新过程中，我会向其他成员或领导推销新想法或方案					
5	在建设工程创新过程中，我积极寻求他人对我的创新想法或方案的支持					
6	在建设工程创新过程中为实现我的新构想或创意，我会想办法争取所需资源					
7	我会积极地制订适当的计划或规划来落实我的创新构想					
8	为了实现其他成员的创新性构想，我经常会献计献策					

参考文献

［1］边燕杰，关系社会学及其学科地位［J］．西安交通大学学报（社会科学版），2010，30（3）：17－20.

［2］边燕杰，张磊．论关系文化与关系社会资本［J］．人文杂志，2013（1）：107－113.

［3］卜长莉，金中祥．社会资本与经济发展［J］．社会科学战线，2001（4）.

［4］陈帆，谢洪涛．契约治理对建筑技术创新网络绩效的影响研究［J］．土木工程与管理学报，2015（2）：60－67.

［5］陈晶莹．企业技术创新动力的研究综述［J］．现代管理科学，2010（3）：85－86.

［6］陈郁青，陈建民．建筑工程监理企业内部知识共享机制研究［J］．技术经济与管理研究，2009（6）：84－87.

［7］陈悦，陈超美，胡志刚等．引文空间分析原理与应用［M］．北京：科学出版社，2014.

［8］丁翔，盛昭瀚，李真．基于计算实验的重大工程决策分析［J］．系统管理学报，2015（4）：545－551.

［9］董明涛．企业技术创新动力系统及整合模型研究［D］．天津：天津商业大学，2008.

［10］董维维，徐炜，庄贵军．组织关系和人际关系对渠道合作行为的影响：基于耦合理论的实证研究［J］．财贸研究，2020，31（4）：88－96.

［11］［法］皮埃尔·布尔迪厄，包亚明译．布尔迪厄访谈录——文化资本与社会炼金术［M］．上海：上海人民出版社，1997.

［12］弗朗西斯·福山．社会资本、公民社会与发展［J］．马克思主义与现实，2003（2）：36.

[13] 高文军，靳彦平，陈菊红．基于客户需求的制造企业服务创新模型与策略研究 [J]. 科技进步与对策，2016，33 (9)：67 - 71.

[14] 顾大钊．创新型国家战略及神华面临的机遇与挑战 [J]. 中国煤炭，2009 (2)：21 - 23.

[15] 何斌．人际信任、隐性知识共享与员工创新关系研究 [D]. 南京：南京师范大学，2013.

[16] 何继善等．工程管理论 [M]. 北京：中国建筑工业出版社，2017.

[17] 何崟，强茂山．大型水电项目知识共享现状与改进建议——基于典型案例的讨论 [J]. 科技进步与对策，2010，27 (19)：72 - 73.

[18] 何崟，强茂山．水电开发项目知识共享环境障碍因素探索 [J]. 水力发电学报，2012，31 (2)：145 - 265.

[19] 黄致凯．组织创新气候知觉、个人创新行为、自我效能知觉与问题解决型态关系之研究——以银行业研究对象 [J]. 中山大学：中国台湾，2004.

[20] 姜碧芸．组织意象测验 (OIT) 的编制及应用探索 [D]. 广州：华南师范大学，2011.

[21] 蒋天颖，丛海彬，王峥燕，张一青．集群企业网络嵌入对技术创新的影响——基于知识的视角 [J]. 科研管理，2014 (11)：26 - 34.

[22] 蒋文春，王宗明，王增丽．以工程设计为主线的人才培养模式探索 [J]. 高教论坛，2021 (6)：46 - 49.

[23] 金世斌，刘大勇．社会资本视域下的城市社区治理创新 [J]. 上海城市管理，2018，27 (2)：46 - 51.

[24] 乐国安，曹晓鸥．K. W. Schaie 的“西雅图纵向研究”——成年人认知发展研究的经典模式 [J]. 南开大学报，2002 (4)：79 - 85.

[25] 黎晓燕，井润田．社会网络、创新行为、企业信任间的关系研究 [J]. 科学研究，2007 (5)：947 - 951.

[26] 李伯聪．工程创新是创新活动的主战场 [N]. 光明日报，2005 - 09 - 29 (10).

[27] 李伯聪．工程科学的对象、内容和意义——工程哲学视野的分析和思考 [J]. 工程研究—跨学科视野中的工程，2020，12 (5)：463 - 471.

[28] 李焕荣．组织间关系及其进化过程研究 [J]. 商业研究，2007

(10)：105.

[29] 李惠斌，杨雪冬．社会资本与社会发展 [M]．北京：社会科学文献出版社，2000.

[30] 李鹏．企业内部知识型员工间人际关系、心理契约与工作绩效的关系研究 [D]．赣州：江西理工大学，2016.

[31] 李西垚，弋亚群，苏中锋．社会关系对企业家精神与创新关系的影响研究 [J]．研究与发展管理，2010，22 (5)：39－45.

[32] 李亚辉．基于组织内部知识市场的知识共享研究 [D]．哈尔滨：哈尔滨工业大学，2005.

[33] 李垣，张宸璐，方润生．企业自主创新动力因素研究 [J]．成组技术与生产现代化，2007 (24).

[34] 李志红．创新驱动发展战略：为建设科技强国奠基 [N]．科技日报，2021－07－18 (6).

[35] 李自杰，李毅，郑艺．信任对知识获取的影响机制 [J]．管理世界，2010，29 (5)：785－792.

[36] 林东清．知识管理理论与实践 [M]．北京：电子工业出版社，2005.

[37] 林念修．改革释放创新活力 创新引领经济发展——对《关于深化体制机制改革加快实施创新驱动发展战略的若干意见》的解读 [J]．时事报告（党委中心组学习），2015 (3)：100－116.

[38] 刘诚，杨继东，周斯洁．社会关系、独立董事任命与董事会独立性 [J]．世界经济，2012，35 (12)：83－101.

[39] 刘端直．论思维实验 [J]．科学技术与辩证法，1995 (2)：26－30.

[40] 刘静．知识共享对企业绩效的影响及其实证研究 [D]．长沙：湖南大学，2008.

[41] 刘启元，叶鹰．文献题录信息挖掘技术方法及其软件 SATI 的实现——以中外图书情报学为例 [J]．信息资源管理学报，2012 (1)：50－58.

[42] 刘顺忠．客户需求变化对员工创新行为影响机制研究 [J]．科学学研究，2011，29 (8)：1258－1265.

[43] 刘亚静，徐平，陈帆．建筑技术创新网络的特征研究——以京沪

高铁阳澄湖桥段为例［J］．科技和产业，2015（11）：121－127．

［44］刘元芳．企业家是企业自主创新的灵魂［D］．北京：第三届海峡两岸土木建筑学术研讨会论文集，2007．

［45］刘云，石金涛．组织创新气氛对员工创新行为的影响过程研究——基于心理授权的中介效应分析［J］．中国软科学，2010（3）：133－144．

［46］卢小君，张国梁．工作动机对个人创新行为的影响研究［J］．软科学，2007（6）：124－127．

［47］陆攀．浅析人际关系的理论对思想政治工作的启示［J］．新疆石油教育学院学报，2002（4）：9－11．

［48］罗珉，王雎．组织间关系的拓展与演进：基于组织间知识互动的研究［J］．中国工业经济，2008（1）：40－49．

［49］罗珉．组织间关系理论研究的深度与解释力辨析［J］．外国经济与管理，2008（1）：23－30．

［50］马庆国．管理统计：数据获取统计原理 SPSS 工具与应用研究［M］．北京：科学出版社，2002．

［51］［美］林南，张磊译．社会资本：关于社会结构与行动的理论［M］．上海：上海人民出版社，2005．

［52］潘玮，牟冬梅，李茵，刘鹏．关键词共现方法识别领域研究热点过程中的数据清洗方法［J］．图书情报工作，2017，61（7）：111－117．

［53］彭正龙，陶然．基于认知能力的项目团队内部知识特性对知识转移影响机制研究［J］．情报杂志，2008（9）：45－49．

［54］仇一颗．复杂工程环境下施工工法创新机理研究［D］．长沙：湖南大学，2013．

［55］钱育新．商业网络与新创企业绩效关系：信任与契约的视角［D］．长春：吉林大学，2012．

［56］《青藏铁路》编写委员会．青藏铁路（1～7）［M］．北京：中国铁道出版社，2016．

［57］屈维意，周海炜，姜骞．组织间关系维度分析及其实证研究［J］．情报杂志，2011，30（8）：169－174，207．

［58］盛昭瀚，张军，杜建国．社会科学计算实验理论与应用［M］．上

海：三联出版社，2009.

[59] 盛昭瀚，张维．管理科学研究中的计算实验方法［J］．管理科学学报，2011，14（5）：1－10.

[60] 宋典，袁勇志，张伟炜．创业导向对员工创新行为影响的实证研究——以创新氛围和心理授权为中介变量［J］．科学学研究，2011，29（8）：1266－1273.

[61] 苏敬勤，崔淼．探索性与验证性案例研究访谈问题设计：理论与案例［J］．管理学报，2011，8（10）：1428－1437.

[62] 孙冰．企业技术创新动力研究［D］．哈尔滨：哈尔滨工程大学，2003.

[63] 孙永福等．铁路工程项目管理理论与实践［M］．北京：中国铁道出版社，2016.

[64] 孙永福，王孟钧，陈辉华，唐娟娟．青藏铁路工程方法研究［J］．工程研究—跨学科视野中的工程，2016，8（5）：491－501.

[65] 汪琦．技术创新与市场需求的互动机制及对产业升级的传导效应［J］．河北经贸大学学报，2006（1）：12－17.

[66] 王飞，杨晔．"新工科"背景下创新与信息教学模式探索——基于BIM的工程管理专业改革研究［J］．河北工程大学学报（社会科学版），2018，35（4）：100－102.

[67] 王海燕．企业创新动力研究述评［J］．科学管理研究，2011，29（6）：11－14.

[68] 王金红．案例研究法及其相关学术规范［J］．同济大学学报（社会科学版），2007（3）：87－95，124.

[69] 王莉红，顾琴轩，郝凤霞．团队学习行为、个体社会资本与学习倾向：个体创新行为的多层次模型［J］．研究与发展管理，2011，23（4）.

[70] 王孟钧，刘慧，张镇森，陆洋．重大建设工程技术创新网络协同要素与协同机制分析［J］．中国工程科学，2012，14（12）：106－112.

[71] 王孟钧，郑俊巍，朱卫华，曲娜．工程需求与领导风格对工程创新的驱动作用：跨层次研究模型［J］．科技进步与对策，2016，33（6）：149－154.

[72] 王伟，汪霄，邓志坚等．建筑企业内隐性知识共享方法探讨［J］．

生态经济：学术版，2011（1）：167－174.

［73］王艳子，罗瑾琏．目标取向对员工创新行为的影响研究——基于知识共享的中介效应［J］．科学学与科学技术管理，2011，32（5）：164－169.

［74］王重鸣．心理学研究方法［M］．北京：人民教育出版社，1990.

［75］吴家喜，吴贵生．组织间关系、外部组织整合与新产品开发绩效关系研究［J］．软科学，2009，23（11）：1－5.

［76］徐维祥．企业技术创新动力系统研究［J］．数量经济技术经济研究，2002（1）：70－73.

［77］闫长斌，杨建中，梁岩．新工科建设背景下工程意识与工匠精神的培养——以土木工程类专业为例［J］．北京航空航天大学学报（社会科学版），2019，32（6）：152－160.

［78］闫芬，陈国权．实施大规模定制中组织知识共享研究［J］．管理工程学报，2002，16（3）：39－44.

［79］杨晶照，陈勇星，马洪旗．组织结构对员工创新行为的影响：基于角色认同理论的视角［J］．科技进步与对策，2012，29（9）：129－134.

［80］杨静．工程咨询企业团队知识共享与新业务开发能力［J］．企业经营管理，2011，26（3）：37－40.

［81］杨佩昌．德国制造：为实际需求而创新［J］．企业管理，2017（5）：33.

［82］杨思洛，韩瑞珍．国外知识图谱绘制的方法与工具分析［J］．图书情报知识．2012（6）：101－109.

［83］杨治，郭艳萍，张鹏程．企业间信任对组织双元创新的影响［J］．科研管理，2015，36（9）：80－88.

［84］姚明晖，李元旭．包容性领导对员工创新行为作用机制研究［J］．科技进步与对策，2014，31（10）：6－9.

［85］姚艳虹，韩树强．组织公平与人格特质对员工创新行为的交互影响研究［J］．管理学报，2013，10（5）：700－707.

［86］殷瑞钰．关于工程方法论研究的初步构想［J］．自然辩证法研究，2014，30（10）：35－40.

［87］于骥．企业技术创新不足的经济学分析［J］．科技管理研究，

2008，28（4）.

[88] 苑炳慧，辜应康．基于顾客的旅游目的地品牌资产结构维度——扎根理论的探索性研究［J］. 旅游学刊，2015，30（11）：87-98.

[89] 约瑟夫·阿洛伊斯·熊彼特．经济发展理论［M］. 南昌：江西教育出版社，2014.

[90] 曾湘泉，周禹．薪酬激励与创新行为关系的实证研究［J］. 中国人民大学学报，2008，22（5）.

[91] 詹姆斯·科尔曼．社会理论的基础［M］. 北京：社会科学文献出版社，1999.

[92] 张国安．铁路工程项目技术创新动力机制及实证研究［D］. 长沙：中南大学，2012.

[93] 张敬伟，王迎军．新企业商业模式构建过程解析——基于多案例深度访谈的探索性研究［J］. 管理评论，2014，26（7）：92-103.

[94] 张军．社会科学计算实验研究［J］. 实验技术与管理．2010，27（8）：19-23.

[95] 张军．研究社会系统演化的计算实验方法［J］. 实验室研究与探索，2008，27（10）：40-43，75.

[96] 张玲．基于博弈论与企业文化的建筑企业隐性知识竞争战略［J］. 改革与开放，2009（24）：117-118.

[97] 张瑞雪．工程项目技术创新多主体协同关系研究［D］. 哈尔滨：哈尔滨工业大学，2016.

[98] 张镇森．建设工程创新关键影响因素与作用机理研究［D］. 长沙：中南大学，2014.

[99] 张作风．知识共享机制及其在企业中的构建［D］. 北京：中国科学院文献情报中心，2004.

[100] 赵时亮．虚拟实验：从思想实验到虚拟实验［J］. 科学技术与辩证法，1999（6）：21-25.

[101] 郑俊巍，谢洪涛，高珊．基于链式中介模型的工程创新驱动路径研究［J］. 技术与创新管理，2018，39（1）：19-26.

[102] 郑俊巍，谢洪涛，韩雷凯．基于计算实验的建设工程创新行为仿真研究［J］. 科技管理研究，2018，38（4）：7-15.

[103] 郑俊巍，谢洪涛．建设工程绿色创新行为驱动路径：一项跨层次实证研究 [J]. 科技进步与对策，2017，34（9）：13－19.

[104] 周川云，孙启贵．中国高铁技术创新网络的发展实践及其启示 [J]. 科技和产业，2017，17（10）：34－39.

[105] 庄贵军，李珂，崔晓明．关系营销导向与跨组织人际关系对企业关系型渠道治理的影响 [J]. 管理世界，2008（7）：77－90，187－188.

[106] 邹彩芬，刘双，谢琼．市场需求、政府补贴与企业技术创新关系研究 [J]. 统计与决策，2014（9）：179－182.

[107] Abou-Zeid E., Cheng Q., The effectiveness of Innovation: A Knowledge Management Approach [J]. International Journal of Innovation Management, 2004 (8): 261－274.

[108] Allameh S. M., Antecedents and Consequences of Intellectual Capital: The Role of Social Capital, Knowledge Sharing and Innovation [J]. J Intellect Cap, 2018, 19 (5): 858－874.

[109] Amabile T. M., model of Creativity and Innovation in Organizations [J]. Research in Organizational Behavior, 1988, 10: 123－167.

[110] Anderson N., Poto, Nik, K., Zhou J., Innovation and Creativity in Organizations: A State-of-the-Science Review, Prospective Commentary, and Guiding Framework [J]. Journal of Management, 2014, 40 (5): 1297－1333.

[111] Arribas I., P. Hernandez J. E., Vila. Guanxi, Performance and Innovation in Entrepreneurial Service Projects [J]. Manage. Decis., 2013, 51 (1－2): 173－183.

[112] Axtell C. M., Holman D. J., Unsworth K. Let al., Shopfloor Innovation: Facilitating the Suggestion and Implementation of Ideas [J]. Journal of Occupational and Organizational Psychology, 2000, 73 (3): 265－285.

[113] Badi S., Rocher W., Ochieng E., The impact of social power and influence on the implementation of innovation strategies: A case study of a UK mega infrastructure construction project [J]. European Management Journal, 2020, 38 (5), 736.

[114] Bento N., Fontes M., The Construction of a New Technological Innovation System in a Follower Country: Wind Energy in Portugal [J]. Technological

Forecasting and Social Change. 2015, 99: 197 - 210.

[115] Blayse A. M. , Manley K. , Key Influences on Construction Innovation [J]. Construction Innovation, 2004, 4 (3): 143 - 154.

[116] Bourdieu P. , Le, Capital Social: Notes Provisoires [J]. Actes de la Recherche en Sciences Sociales, 1980, 31: 2 - 3.

[117] Brouthers K. D. , Brouthers L. E. , Acquisition or Greenfield Start-up? Institutional, Culturaland Transaction Cost Influences [J]. Strategic Management Journal, 2000, 21 (1): 89 - 97.

[118] Bygballe L E. , Ingemansson M. , The Logic of Innovation in Construction [J]. Industrial Marketing Management, 2014, 43 (3): 512 - 524.

[119] Cao Y. , Y. Xiang. The Impact of Knowledge Governance on Knowledge Sharing [J]. Manage. Decis. , 2012, 50 (3 - 4): 591 - 610.

[120] Chen C. C. , Chen X. P. , Huang S. S. , Chinese Guanxi: An Integrative Review and New Directions for Future Research [J]. Management and Organization Review, 2013, 9 (1): 167 - 207.

[121] Chen M. C. , Chang K. C. , Hsu C. L. , et al. Investigating the Impacts of Guanxi and Relationship Marketing in Port Logistics: Two Cases [J]. Maritime Economics & Logistics, 2017.

[122] Chen X. P. , Chen C. C. , On the Intricacies of the Chinese Guanxi: A Process Model of Guanxi Development [J]. Asia Pacific Journal of Management, 2004, 21 (3): 305 - 324.

[123] Chua R. Y. J. , Ingram M. P. , Guanxi vs Networking: Distinctive Configurations of Affect-and Cognition-based Trust in the Networks of Chinese vs American Managers [J]. Journal of International Business Studies, 2009, 40 (3): 490 - 509.

[124] Cui N. , et al. Contingent Effects of Managerial Guanxi on New Product Development Success [J]. J. Bus. Res. , 2013, 66 (12): 2522 - 2528.

[125] Cummings J. L. , Tengbing Sheng. Transferring and Knowledge: the Key Factors Affecting Knowledge Transfer Success [J]. Journal of Engineering and Technology Management, 2003 (20): 39 - 68.

[126] Dansoh A. , Oteng D. , Frimpong S. , Innovation development and

adoption in small construction firms in Ghana [J]. Construction Innovation, 2017, 17 (4): 511 -535.

[127] Davenport T. H. , Prusak L. 营运知识 [M]. 南昌: 江西教育出版社, 1999.

[128] Davies, Howard A. , Interpreting "Guanxi": The Role of Personal Connections in a High Context Transitional Economy [J]. China Business, 1995.

[129] Dhanaraj C. , Lyles M. , Steensma H. K. , Tihanyi L. , Managing Tacit and Explicit Knowledge Transfer in IJVs: The Role of Relational Embeddedness and the Impact on Performance [J]. Journal of International Business Studies, 2004 (35): 428 -442.

[130] Dikmen I. , Birgonul M. T. , Artuk S. U. Integrated Framework to Investigate Value Innovations [J]. Journal of Management in Engineering, 2005, 21 (2): 81 -90.

[131] Eisenhardt K. M. , Building Theories from Case Study Research [J]. Academy of Management Review, 1989, 14 (4): 532 -550.

[132] Eriksson P. E. , Szentes H. , Managing the tensions between exploration and exploitation in large construction projects [J]. Construction Innovation, 2017, 17 (4): 492 -510.

[133] Fernando S. , Panuwatwanich K. , Thorpe D. , Introducing an innovation promotion model for construction projects [J]. Engineering, Construction and Architectural Management, 2021, 28 (3): 728 -746.

[134] Gambatese J. A. , Hallowell M. , Enabling and Measuring Innovation in the Construction Industry [J]. Construction Management and Economics, 2011, 29 (6): 553 -567.

[135] Gambatese J A, Hallowell M. Factors that Influence the Development and Diffusion of Technical Innovations in the Construction Industry [J]. Construction Management and Economics, 2011, 29 (5): 507 -517.

[136] Gann D. M. , Salter A. J. , Innovation in Project-Based, Service-Enhanced Firms: The Construction of Complex Products and Systems [J]. Research Policy, 2000, 29 (7 -8): 955 -972.

[137] Gong Y. , Huang J. C. , Farh J. L. , Employee Learning Orientation,

Transformational Leadership, and Employee Creativity: The Mediating Role of Employee Creative Self-efficacy [J]. Academy of Management Journal, 2009, 52 (4): 765 - 778.

[138] Graham B., Thomas K., Gahan D., Towards a Framework for Capturing and Sharing Construction Project Knowledge [J]. Work and Business in Architecture, Engineering and Construction, 2009 (150): 589 - 598.

[139] Gu Flora F., Hung Kineta, Tse David K., When Does Guanxi Matter? Issues of Capitalization and Its Dark Sides [J]. Journal of Marketing, 2008, 72 (4): 12 - 28.

[140] Gunnar H. A., Model of Knowledge Management and then form Corporation [J]. Strategy Management Journal, 1994, 15 (1): 73 - 90.

[141] G. W. Kim. Breaking the Myths of Rewards: An Exploratory Study of Attitudes About Knowledge Sharing [J]. Information Resources Management Journal, 2002 (15): 14 - 21.

[142] Hammond M. M., Neff N. L., Farr J. L., et al., Predictors of Individual-level Innovation at Work: A Meta-analysis. [J]. Psychology of Aesthetics, Creativity, and the Arts, 2011, 5 (1): 90 - 105.

[143] Hartmann Andreas. The Context of Innovation Management in Construction Firms [J]. Construction Management and Economics, 2006, 24 (6): 567 - 578.

[144] Helmreich R., Stapp J., Short Forms of the Texas Social Behavior Inventory (TSBI), an Objective Measure of Delf-esteem [J]. Bulletin of the Psychonomic Society, 1974, 4 (5): 473 - 475.

[145] Hendrlks P., Why Share Knowledge? The Influenea of ICT on Motivation for Knowledge Sharing [M]. Knowledge and Process Management, 1999, 01 (6): 91 - 100.

[146] He W., Coevolution of Interorganizational Psychological Contract and Interorganizational Relationship: A Case Study of Manufacturing Company in China [j]. Discrete Dyn. Nat. Soc., 2017. DOI: Artn 9370969.

[147] Jeng S. P., Effects of Corporate Reputations, Relationships and Competing Suppliers' Marketing Programmes on Customers' Cross-buying Intent Ions

[J]. The Service Industries Journal, 2008, 28 (1): 15 - 26.

[148] Jing-Li, H. Farh. The Influence of Relational Demography and Guanxi: The Chinese Case [J]. Organization Science, 1998, 9 (4): 471 - 488.

[149] Johnston W. J., Leach M. P., Liu A. H., Theory Testing Using Case Studies in Business-to-business Research [J]. Industrial Marketing Management, 1999, 28 (3): 201 - 213.

[150] Jong J. D., Hartog D. D., Measuring Innovative Work Behaviour [J]. Creativity & Innovation Management, 2010, 19 (1): 23 - 36.

[151] Joseph F., Hair J., Black W. C., Babin B. J. Anderson R. E., Multivariate Data Analysis (7th ed.): Pearson [M]. 2010.

[152] Kadefors A., Björlingson E., Karlsson A. Procuring service innovations: Contractor selection for partnering projects. International Journal of Project Management, 2007, 25 (4), 375 - 385.

[153] Kanter R. M., Three Tiers for Innovation research [J]. Communication Research, 1988, 15 (5): 509 - 523.

[154] Katherine K., XinJone L., PearceJone L., Guanxi: Connections as Substitutes for Formal Institutional Support [J]. The Academy of Management Journal, 1996, 39 (6): 1641 - 1658.

[155] Kerstin Vsiakas, Elli Georgiadou, Bo Balstrup. Cultural Impacts on Knowledge Sharing: Empirical Data from EU Project Collaboration [J]. Vine, 2010 (40): 376 - 389.

[156] King Y. C., Kuan-hsi and Network Building: A Sociological Interpretation [J]. Daedalus, 1991, 120 (2): 63 - 84.

[157] Kipnis A. B., Producing Guanxi: Sentiment, Self, and Subculture in a North China Village. Durham [M]. NC: Duke University Press, 1997.

[158] Kleysen R. F., Street C. T., Toward a Multi-dimensional Measure of Individual Innovative Behavior [J]. Journal of Intellectual Capital, 2001, 2 (3): 284 - 296.

[159] Koskela L., Vrijhoef R., Is the current theory of construction a hindrance to innovation? [J]. Building Research & Information, 2001, 29 (3):

197 - 207.

[160] Lee J. N., The Impact of Knowledge Sharing, Organizational Capability and Partnership Quality on is Outsourcing Success [J]. Information and Management, 2001, 38 (5): 323 - 335.

[161] Lee L., W. Y. Tang, Y., Yip L. S. C., et al. Managing Customer Relationships in the Emerging Markets-Guanxi as a Driver of Chinese Customer Loyalty [J]. Journal of Business Research, 2017.

[162] Lehtinen J., Peltokorpi A., Artto K., Megaprojects as organizational platforms and technology platforms for value creation [J]. International Journal of Project Management, 2019, 37 (1): 43 - 58.

[163] Leonardi P. M., Innovation Blindness: Culture, Frames, and Cross-boundary Problem Construction in the Development of New Technology Concepts [J]. Organization Science, 2011, 22 (2): 347 - 369.

[164] Lin N., Social Capital: A Theory of Social Structure and Action. Cambridge: Cambridge University Press [M]. 2001.

[165] Lovett S., Simmons L. C., Kali R., Guanxi Versus the Market: Ethics and Efficiency. Guanxi versus the market: Ethics and efficiency [J]. Journal of International Business Studies, 1999, 30 (2): 231 - 247

[166] Luo Y., Huang Y., Wang S. L., Guanxi and Organizational Performance: A Metaâ Analysis [J]. Management & Organization Review, 2012, 8 (1): 139 - 172.

[167] Madhok A. S., B. Tallman. Resources, Transactions and Rents: Managing Value through Interfirm Collaborative Relationships [J]. Organ. Sci., 1998, 9 (3): 326 - 339. DOI: 10.1287/orsc.9.3.326.

[168] Mark Granovetter. Economic Action and Social Structure: The Problem of Embeddedness [J]. American Journal of Sociology, 1985, 91 (3): 481 - 510.

[169] Markovic S. M., Bagherzadeh. How Does Breadth of External Stakeholder Co-creation Influence Innovation Performance? Analyzing the Mediating Roles of Knowledge Sharing and Product Innovation [J]. J. Bus. Res., 2018, (88): 173 - 186.

[170] Mellewigt T. A., Madhok A., Weibel. Trust and Formal Contracts in Interorganizational Relationships-Substitutes and Complements. Manage [J]. Decis. Econ., 2007, 28 (8): 833 - 847. DOI: 10.1002/mde.1321.

[171] Nancy, M. D., Common Knowledge: How Companies Thrive on Sharing What They Know [M]. Harvard University Press, 2000: 30 - 32.

[172] Newell A., The Knowledge Level [J]. ArtifIntel, 1982 (18): 187 - 197.

[173] Ojasalo J., Management of Innovation Networks: A Case Study of Different Approaches [J]. European Journal of Innovation Management, 2008, 11 (1): 51 - 86.

[174] Oldham G. R., Cummings A., Employee Creativity: Personal and Contextual Factors at Work [J]. Academy of Management Journal, 1996, 39 (3): 607 - 634.

[175] Oliver C., Determinants of Interorganizational Telationships [J]. Integration and Future Directions in Academy of Management Review, 1990, 15 (2): 241 - 265.

[176] Ozorhon B., Abbott C., Aouad G., Integration and Leadership as Enablers of Innovation in Construction: Case Study [J]. Journal of Management in Engineering, 2014, 30 (2): 256 - 263.

[177] Ozorhon B., Analysis of Construction Innovation Process at project Level [J]. Journal of Management in Engineering, 2013, 29 (4): 455 - 463.

[178] Ozorhon B. Oral K., Drivers of Innovation in Construction Projects [J]. Journal of Construction Engineering and Management, 2017, 143 (4): 04016118.

[179] Park M., Nepal M. P., Dulaimi M. F., Dynamic Modeling for Construction Innovation [J]. Journal of Management in Engineering, 2004, 20 (4): 170 - 177.

[180] Pellicer E., Correa C. L., Yepes, Víctor et al., Organizational Improvement through Standardization of the Innovation Process in Construction Firms [J]. Engineering Management Journal, 2012, 24 (2): 40 - 53.

[181] Pieterse A. N., Knippenberg D. V., Michaéla Schippers, et al.

Transformational and Transactional Leadership and Innovative Behavior: The Moderating Role of Psychological Empowerment [J]. Journal of Organizational Behavior, 2010, 31 (4): 609 -623.

[182] Podsakoff P. M., Mackenzie S. B., Podsakoff N. P., Sources of Method Bias in Social Science Research and Recommendations on How to Control It [J]. Annual Review of Psychology, 2012, 63 (1): 539.

[183] Putnam R., The Prosperous Community-Social Capital and Public Life [J]. American Prospect, 1993 (13): 35 -42.

[184] Ramasamy B., Goh K. W., Yeung M. C. H., Is Guanxi (relationship) a Bridge to Knowledge Transfer? [J]. Journal of Business Research, 2006, 59 (1): 0 -139.

[185] Ritter T., H. G. Gemunden. Interorganizational Relationships and Networks: An Overview [J]. J. Bus. Res., 2003, 56 (9): 691 -697. DOI: 10.1016/S0148 -2963 (1): 00254 -5.

[186] Romijn H., Albaladejo M., Determinants of Innovation Capability in Small Electronics and Software Firms in Southeast England [J]. Research Policy, 2012, 31 (7): 1053 -1067.

[187] Schmookler J., Invention and Ecomnomic Growth (1sted) [M]. United States of America: Harvard University Press, 1966.

[188] Senge B. M., The Fifth Discipline—The Art and Practice of the Learning Organization [M]. New York: Doubleday. 1990.

[189] Sergeeva N., Liu N., Social construction of innovation and the role of innovation brokers in the construction sector [J]. Construction Innovation, 2020, 20 (2): 247 -259.

[190] Sergeeva N. Zanello C., Championing and promoting innovation in UK megaprojects [J]. International Journal of Project Management, 2018, 36 (8): 1068 -1081.

[191] Shaalan A. S., Reast J., Tourky, ME. East meets West: Toward a theoretical model linking guanxi and relationship marketing [J]. Journal of Business Research, 2013, 66 (12): 2515 -2521

[192] Shapira A., Rosenfeld Y., Achieving Construction Innovation

through Academia – industry Cooperation-keys to Success [J]. Journal of Professional Issues in Engineering Education and Practice, 2011, 137 (4): 223 – 231.

[193] Slaughter E., Implementation of Construction Innovations [J]. Building Research and Information, 2000, 28 (1): 2 – 17.

[194] Slaughter E. S., Models of Construction Innovation [J]. Journal of Construction Engineering and Management, 1998, 124 (3): 226 – 231.

[195] Suddaby R., From the Editors: What Grounded Theory is Not [J]. Academy of Cademy of Management Journal, 2006, 49 (4): 633 – 642.

[196] Susanne G., Scott and Reginald A., Bruce. Determinants of Innovative Behavior: A Path Model of Individual Innovation in the Workplace [J]. Academy of Management Journal, 1994: 580 – 607.

[197] Swan J., Managing Knowledge for Innovation [J]. Rethinking Knowledge Management, 2007: 147 – 169.

[198] Tan, Margaret., Establishing Mutual Understanding in Systems Design: An Empirical Situation [J]. Journal of Management in Formation Systems, 1994 (10).

[199] Tatum C. B., Process of Innovation in Construction Firm [J]. Journal of Construction Engineering and Management, 1987, 113 (4): 648 – 663.

[200] Tierney P., Farmer S. M., Braen G. B., An Examination of Leadership and Employee Creativity: The Relevance of Traits and Relationships [J]. Personnel Psychology, 2006, 52 (3): 591 – 620.

[201] Tsui A. S., Farh J. L. L., Where Guanxi Matters Relational Demography and Guanxi in the Chinese Context [J]. Work and Occupations, 1997, 24 (1): 56 – 79.

[202] Van, de, Ven A. H., Central Problems in the Management of Innovation [J]. Management Science, 1986, 32 (5): 590 – 607.

[203] Wang C. H., K. L. Chen. Guanxi: Competitive Advantage or Necessary Evil? Evidence from High-tech Firms in Taiwan Science Parks [J]. Rev. Int. Bus. Strategy, 2018, 28 (1): 110 – 127.

[204] Wang C. L., Guanxi vs., Relationship Marketing: Exploring Underlying Differences [J]. Industrial Marketing Management, 2007, 36 (1): 81 –

86.

[205] Wang C., Q. Hu. Knowledge Sharing in Supply Chain Networks: Effects of Collaborative Innovation Activities and Capability on Innovation Performance [J]. Technovation, 2017.

[206] Wang H. K., J. F. Tseng, Y. F. Yen. Examining the Mechanisms Linking Guanxi, Norms and Knowledge Sharing: The Mediating Roles of Trust in Taiwan's High-tech Firms [J]. Int. J. Hum. Resour. Manage., 2012, 23 (19): 4048 - 4068.

[207] Wang H. K., Y. F. Yen, J. F. Tseng. Knowledge Sharing in Knowledge Workers: The Roles of Social Exchange Theory and the Theory of Planned Behavior [J]. Innov-Manag Policy P, 2015, 17 (4): 450 - 465.

[208] Wang Z., N. Wang, Knowledge Sharing, Innovation and Firm Performance [J]. Expert Sys Appl, 2012, 39 (10): 8899 - 8908.

[209] West M. A., Farr J. L., Innovation at Work: Psychological Perspectives [J]. Social Behavior, 1989, 4 (1): 15 - 30.

[210] Woodman R. W., Sawyer J. E., Griffin R. W., Toward a Theory of Organizational Creativity [J]. Academy of Management Journal, 1993, 18 (2): 293 - 321.

[211] Yeung I. Y. M., Tung R. L., Achieving Business Success in Confucian Societies: The Importance of Guanxi (Connections) [J]. Organizational Dynamics, 1996, 25 (2): 54 - 65.

[212] Yin R. K., Case Study Research: Design and Methods (2nd ed.) [M]. Thousand Oaks: Sage Publications, 1994.

[213] Yong Sauk Haua, Byoungsoo Kimb, Heeseok Leec, et al. The Effects of Individual Motivations and Social Capital on Employees' Tacit and Explicit Knowledge Sharing Intentions [J]. International Journal of Information Management, 2013 (33): 356 - 366.

[214] Yuan F., Woodman R. W., Innovative Behavior in the Workplace: The Role of Performance and Image Outcome Expectations [J]. Academy of Management Journal, 2010, 53 (2): 323 - 342.

[215] Zhang M. J. L., Hartley. Guanxi, IT Systems, and Innovation Ca-

pability: The Moderating Role of Proactiveness [M]. J. Bus. Res., 2018, 90: 75 – 86.

[216] Zhang X. A., Li N., Harris T. B., Putting non-work ties to work: The case of guanxi in supervisor-subordinate relationships [J]. Leadership Quarterly, 2015, 26 (1): 37 – 54

[217] Zhang X., Bartol K. M., Linking Empowering Leadership and Employee Creativity: The Influence of Psychological Empowerment, Intrinsic Motivation, and Creative Process Engagement [J]. Academy of Management Journal, 2010, 53 (1): 107 – 128.

[218] Zhang Y., Zhang Z. G., Guanxi and organizational dynamics in China: a link between individual and organizational levels [J]. Journal of Business Ethics, 2006, 67 (4): 375 – 392

[219] Zhang Y., Z. Zhang. Guanxi and Organizational Dynamics in China: A Link Between Individual and Organizational Levels [J]. J. Bus. Ethics, 2006, 67 (4).

[220] Zhengzhong Ma, Liyun Qi, Keyi Wang. Knowledge Sharing in Chinese Construction Project Teams and Its Affecting Factors: An Empirical Study [J]. Chinese Management Studies, 2008, 2 (2): 97 – 108.

[221] Zhuge H. A., Knowledge Flow Model for Peer-to-peer Team Knowledge sharing and Management [J]. Expert Systems with Applications, 2002, 23 (1): 23 – 30.